「吊し伐り」から学んだ気づきの人生

和氣光伸 著

セルバ出版

はじめに

本書を手に取っていただいた皆様は、「吊し伐り」と聞いて何を思い出しますか。おそらく、ほとんどの方が、茨城県の大洗町のあんこうの吊し切りを思い浮かべることと思います。

ここで言う「吊し伐り」とは、樹木の特殊な伐採方法で、建物や道路沿い等の悪条件により、その立木を直接伐倒することが不可能なために、伐採する際に枝や幹を直接切り落とさず、ロープやワイヤーロープを使って、周辺にある立木やその伐採木を使用して、吊して樹木を伐る技法です。その技術者は、全国でも数名程度しかおらず、私はその名人である師匠に憧れ、その元で修行して来ました。それは、単に技術だけでなく、名人の人柄に魅力を感じての弟子入りでした。

私は、小中学生の頃から、学校の勉強の成績も悪く、漢字も満足に読み書きができないほどの落ちこぼれでした。しかし、この「吊し伐り」を通じて、更正され、人間的にも進化し、やがて世間からは、お世辞にも、師匠の右に出るほどの特殊伐採技術者と評価されるようにもなりました。その後も、常に目標であった師匠の存在の影響の元で、人格的にも、いろいろと進化し続け、本書を書き上げるまでになりました。

われわれ職人は、物をつくることはできても、本を書くことはできません。その上、私達のような林業関係業者は、本を読むことすらしませんが、私は本書を自らの腕と脳で書き上げることができたのです。　そして、この度、その進化の様子と、師匠からの学びを、本書に綴らせていただきました。

師匠は、平成29年4月17日に77歳で、突然、その生涯を閉じました。まさに、「一生現役」の人生でした。花は、満開に咲いているうちに散ったのです。まるで「美の哲学」とも言えるのではないでしょうか。

「与えた恩は水に流せ、受けた恩は岩に刻め」と言われる説法がありますが、私は、本書を書き刻み綴ることによって、師匠の生前にできなかった、師匠への恩返しと、師匠の功績を後世への伝授だと思っています。

和氣　光伸

2018年5月

「吊し伐り」から学んだ気づきの人生　目次

第2話　修業のスタート

第3話　二足の草鞋

第4話　変わる業界

第7話　最後の学び

第1話　師匠との出会い

◎「吊し伐り」との出合い

師匠との出合いの時期

私が人生の師匠、和氣邁氏と出会ったのは、昭和63年12月、中学校2年生のときでした。

師匠とは、住まいがすぐ近くでもあって、幼い頃から面識がありました。もっとも、師匠は日光東照宮や日光杉並木の大きい木を登って伐る名人だと言うことを知っていた程度でした。

師匠の仕事振りを初めて見たのは、私が小学校4年生の頃、NHKの番組で、日光杉並木を登って伐る様子が放送されたときでした。

やはり、その頃、師匠は、私の通う小学校のPTAの役員をやっており、その会議だったか学校行事の後に、この小学校の月庭にあった樹高20mほどの枯れた赤松の木を、登って中断伐りしたことがありました。私は、その様子を授業中ではありましたが、じっくりと見学していました。

◎和氣姓

和氣姓のルーツ

私も師匠も同じ名字の和氣ですが、この名字は日本でも珍しい名字で、わが町の北部にある高原山の麓である矢板市北西部から塩谷町北東部にかけて非常に多い名字なのです。

ルーツを辿ると、和氣姓の者は、江戸時代末期まで、この高原山の山麓で翡翠の採掘や朝鮮人参の栽培をやっていたそうです。

また、この高原山山麓には、その時代に翡翠を掘った跡の洞窟があり、確認されているだけでも20数か所程度あるそうです。

そのうちの1か所が、わが家の山林内にもあります。

このことは、塩谷町船生地区に住む和氣姓のことを研究している方から聞きました。

和氣発祥の地

岡山県に、和気郡和気町和気と言う地名があります。私は、この地が和氣姓の発祥の地と考えています。

和気町町内には、奈良時代末期から平安時代初期の貴族、和気清麻呂公を奉る和氣神社があります。しかし、この和気町には、和気の姓が1軒も見当たらないのです。

和気清麻呂公は、西暦７９６年に道鏡事件で大隈国（現在の鹿児島県）に流罪となりました。

私が想像するには、このとき、私の祖先の和気姓は、この和気清麻呂公の一族であり、やはりこの時代に岡山県和気郡和気町から流され、その一部が、今の矢板市付近の高原山の山麓に辿り着き、土着したのだと想像しています。

「わけ」姓が「わき」と呼ばれるになったのも、この和氣一族であることを隠すために「わけ」から「わき」に呼び名を改名したのか、当時のこの下野の国の高原山山麓の地の訛りかとも思ってます。このことは、記録に残っているわけではないので、あくまでも私の勝手な想像です。

また、師匠の家には、古いお堂があり、その建物の中に、「和毛」（ワケ）と書かれた記述があるそうです。これは、昔からの発音を強調させ、残すために書かれたのではないかと言われてもいます。

私が、各地を巡り歩いていると、北関東以南では、ワケさんと言われることがほとんどです。やはり、これには、先に挙げました、和気清麻呂公のイメージが強いのかと思われます。

栃木県でも県央部から南方面に行くと、ワケの「ケ」の部分を「キ」と「ケ」を同日に読む、アクセントがあります。

師匠と伐採で各地に行った先でも、次のようなこともありました。

領収書をもらう際、宛名を「和氣でお願いします」と言うと、「脇」や「和樹」と書かれてしまったこともありました。

その他、この「和氣」の読み名としては、どこの地域かわかりませが、「かずき」と読む呼び名もあるそうです。

和気町への訪れ

私は、本書の執筆も終了した頃、この和気町へ訪れました。

岡山駅から北東方面へ車で50分程度走った場所に、和気町はあります。和気町には、和気清麻呂公が奉られている和氣神社があります。

この和氣神社に向かう途中の道路標識には和気町和気と記載があり、ここでは特に強く和気姓のルーツを実感させられました。

さらにその先へと進むと、今度は、和気町大田原という地名を発見しました。これには、また違う関心が湧いて来ました。

「大田原」というと、私の地元、栃木県矢板市の隣に大田原市があります。この栃木県の大田原も、約1200年前に、岡山県から和気一族が現栃木県北部に持ち込んだものではないかと、深い憶測と興味を持ってます。

このことは、記録や言い伝えのほか何の根拠もありませんので、偶然と言えば偶然なのでしょうが、途切れた伝説的なものも強く感じさせられます。

和氣家と和氣家

師匠と私の名字は同じですので、よく「親戚ですか」とか、伐採現場では「親子ですか」等と訪ねられることがありますが、名字上での親戚ではありません。

しかし、私の祖父の母と師匠の祖母が姉妹で、その生家が私の住む矢板市内の大字の塩田地区にあり、村親戚になっています。その上、私の祖母と師匠の母は、共に栃木県さくら市（旧喜連川町）

の同じ地区の出身で、子供の頃から親交があり、従姉妹同士にもなっています。

その他、祖父が言っていたことで、その昔、わが家から師匠の家にお婿さんに行っていたようで、その後、直ぐに離婚をしてしまったために、その子孫はいないそうです。

このように和氣家と和氣家は、その昔からどこかでつながっていたのです。

結(ゆい)

わが家と師匠の家は、代々「結」と言う、農家同士が農作業を手伝い合って仕事をして助け合う、親交が深い家仲でした。しかし、農業も近代化が進み、機械化され、この「結」も、私の父の代の頃から崩壊してしまいました。

現代は、農村地域に限らず都会でも、隣近所同士のお付合いも少なくなってしまっているようですが、農家の場合、農業の近代化による機械化が大きな原因のようです。

今思えば、師匠は、私の「学びの親」のようなものなので、重親戚に相当します。

嫌だった和氣姓

私は、この「和氣」の名字は、幼い頃から嫌でした。「和氣」の名字は、有名人もおらず、他では珍しく、何か変な名字でして、違和感がありました。

しかし、後に、この和氣姓が師匠と同じ名字ということで、誇りに思えるようになりました。

◎学生時代

学生時代の私

私の学生時代は、勉強の成績もあまりよくありませんでした。

小学校時代の通信簿は、5段階評価で1と2が入り雑じっていましたが、1のほうが多いほどでした。

中学校の成績も、５教科の合計点数が５００点満点のところ１００点程度しか採れないような生徒で、英語のテストに至っては選択問題しか解答できず、運が悪ければ、全部外れて0点などということもあるほどの、言わば落ちこぼれでして。高校進学もおぼつかないほどのダメ人間でした。

【図表１　小学５年生頃の筆者】

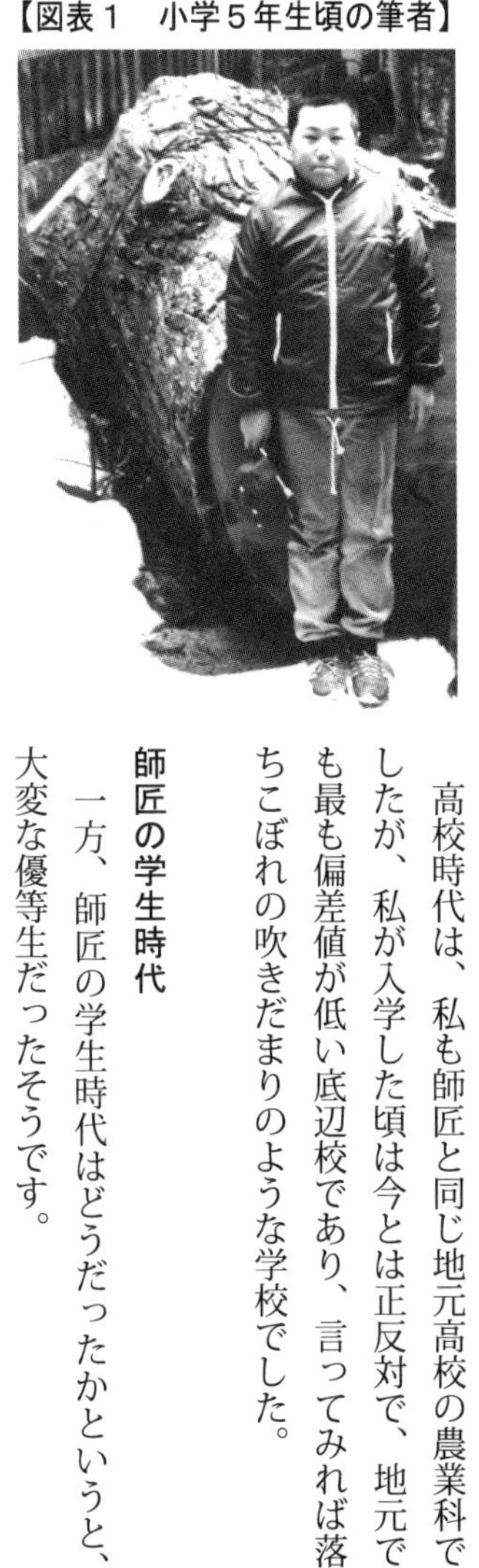

高校時代は、私も師匠と同じ地元高校の農業科でしたが、私が入学した頃は今とは正反対で、地元でも最も偏差値が低い底辺校であり、言ってみれば落ちこぼれの吹きだまりのような学校でした。

師匠の学生時代

一方、師匠の学生時代はどうだったかというと、大変な優等生だったそうです。

私が親交のあるお隣の塩谷町在住の師匠の高校時代の同級生は、「和氣は断トツで1番の成績だった」と師匠が学校時代に優等生だった様子を話してくれていました。

師匠の高校生の時代の頃は、そもそも高校へ進学する人は限られており、農家の長男は、高校を卒業すると即座に家業である農業に従事することが宿命的だったようです。どんなに成績が優秀でも、大学にはほとんど進学しなかったそうです。

師匠の高校時代の写真を見せてもらったことがありましたが、学帽をびしっとかぶり、日本でもトップクラスの一流の大学への進学を目指す優等生のオーラがたっぷり出ている高校生に見えました。

木伐りの道への決意

話は元に戻りますが、人生の師匠、和氣邁氏と出会ったきっかけは、わが家の住居を新築するための建築用材である自宅裏山の杉や欅の伐採を依頼したときです。

新築する住居は、和風の入母屋式の本化粧造りで、大量の木材で、かつ、杉や檜や欅の太く長い特殊材が必要でした。

私の父や祖父も伐採の仕事はしていたので、伐採の難易度の低い木は自家で伐採していました。しかし、父や祖父ではとても手に負えない木の伐採は、後の師匠である和氣邁氏に伐採を依頼したのです。

　そのとき、私は、父や祖父に連れられて、師匠の伐採の手伝いをしながら見学に行きました。これが、将来を決める私にとっての人生のターニングポイントとも言える出来事だったのではないでしょうか。

　師匠に依頼した伐採木は、倒す場所がその木の幅程度しかない場所に、狙ったように倒していく必要があったのです。

　倒す長さの空間がない木は、中段伐りと言って、立木を上部から数回に分けて伐るのですが、その木を地面を歩くように簡単に登り、立木の上部から順に狙った場所に正確に、かつ見事に伐り落としていきました。

　私は、このとき、何よりも師匠の木登りが見事で、印象に残ったことを覚えています。

　和氣邁氏は、これほどまでに高度な伐採技術を持ちながら、大変謙虚なお人柄で、自賛はもちろん、自慢もしないクールな人であり、こちらが「凄いですね、上手いですね」などと誉めると、苦笑いしながら「そうかな」と軽く返事をするだけで、決して自分の長所を語らない人でした。

　私は、こんな和氣邁氏の人柄に憧れて、いつか和氣邁氏の弟子になり、師匠の元で伐採の修行をすることを決意しました。

　この頃は、まだ伐採に憧れたのではなく、師匠の人柄に憧れていたのだろうと思います。そして、いつか、和氣邁氏のように高い木に登って、日光杉並木や日光東照宮所で木が伐れるようになろうと、高所伐採に憧れ出し、特殊伐採士を目指しました。

◎「考える力」の訓練のスタート

木登りの練習

その後、私は、学校の休日や、学校から帰って来ては、主に自宅の裏山の山林の立木に登り、枝打ちをして、木登りの練習をしました。

当時の私は、高校の相撲部に入部していて、体重が100kg近くありました。高校卒業後もアマチュアで相撲を取り続け、34歳くらいまではこの体重を維持していました。普通に考えれば、この体型で木に登ることは、あり得ないと思われます。

枝打ちの適期は、冬季前後であり、相撲部の練習も、この時期は閑期になるので、木に登っての枝打ちの練習はこの時期に集中的に行いました。

師匠は、木に登る際に、足に履く木登り用のスパイクを使い木に登っていました。しかし、私は、その木に登るスパイクがなく、あっても簡単には登れなために、はしごを掛けて下枝まで登り、その枝を足場にして上部へと登っていました。

そのため、枝が梯子より高い部分にあり、はしごが届かない木には、はしごの上にさらにはしごを掛け、それでもまだ枝に届かない場合は、その上に枝棒や樽木の残材をロープで幹に縛りつけて足場にするなど、工夫に工夫を重ねて何とか登っていき、枝打ちをしていました。今思えば、既にこのときから「考える力」の訓練は始まっていたようでした。

物事は、最初が肝心だと言いますが、このように今まで何も知らなかったことを始める場合もそうです。このときの私の場合も、初めて見たのが和氣邁氏の高度な特殊伐採でしたが、これが普通の人の伐採とか、それ以下の人のものですと、標準のレベルの感覚が違ってしまうのです。仮に、もっと技術力の低い人から学び始めると、標準の基準も低くなってしまい、感覚も低くなってしまうのです。

技術とは、感覚を鍛えるものでもあります。感覚が低いと技術は向上しません。もっと詳しく説明しますと、70点で満足する人と１００点で満足する人の違いです。

変わった人生感

私は、和氣邁氏との出合いをきっかけに、人生感も変わり、地元の県立高校の農業科に入学する程度に更正されました。この時点で、人間としての行き方や、人生感までも変わりました。

中学校卒業時頃から高校生になり、社会人になるまでにかけて、年間数回ですが、アルバイトで師匠の元に伐採の手伝いに行っていました。

日光で一番古い杉

高校2年生の冬頃に、日光山輪王寺の境内で、樹齢６００年を超す大木が師匠により伐採されました。私は、この老木の伐採の補助作業を師匠の元に手伝いに行きました。
この老杉の伐採の数年後、この老木を含めた日光の2社1寺の、現、山内地区の植林の歴史の記録が、発見されたそうです。それによると、この老大木は「昌源杉」と言って、足利時代の文明（1469年～1487年）、文亀（1501年～1503年）年間に、輪王寺の昌源和尚が、緒堂社を再興するとともに橈堂筋に松杉数万本を植えたということが伝記されていたそうです。

【図表2　師匠との一番の思い出の地の老杉の切り株】

師匠は、これをある機会に、知ったそうです。私は、このことを師匠を通じて聞きました。学生時代から優等生だった師匠は、こうした学問的な歴史には関心が深いのものだなと思いました。学校時代に、勉強が嫌いだった私が、なぜこのような歴史の年表のようなことを覚えていたかも不思議なことです。きっと木のことだけは、好きだったので覚えていたのでしょう。
この植林の歴史の記録のことは、あまり知れ渡っておりませんでしたので、私のちょっとした自慢です。
たまに「日光で一番古い杉の木は何年経っているのですか」と聞かれることがあるのですが、私は、自慢そうに、「記録として残っているものは、足利時代に輪王寺の昌源和尚が植えた木で、昌源杉と言います」と、自信を持って応えてます。まるで馬鹿の一つ覚えのようです。

聞いた人は、それを半信半疑で聞いて、それ以上のことは聞いて来ません。

世間的には、日光で一番古い木は、日光杉並木と思われている人がほとんどのようです。

このとき伐採された昌源杉の跡地には、今でも時々訪れます。その度に、当時を思い出して、あの頃の私は今と違って純粋で、純白の心を持った素直な人間だったと懐かしくなります。

今では、世間の荒波にもまれ、心が歪んでしまって、情けがない人間になっているなと、思い返させられます。しかし、この世間の荒波がなかったら、何も考えずに、平和ボケしていて、少しだけ気が利いた、ただのお人好しになっていたと思います。

この老杉を伐採した地は、師匠との一番の思い出の地です。

私は、本書を書きながら何度か涙しましたが、この頃を思い出すと今でも涙が出ます。

◎諦めた「吊し伐り」

周囲からの猛反対

私は、高校3年生の中盤を過ぎ、いよいよ進路を決める時期がやって来ました。私は、和氣邁氏の元に伐採の弟子入を志願していましたが、両親を始め、高校の担任の先生まで、誰1人として賛成してくれる人はおらず、猛反対をされる一方でした。唯一、祖父母だけは、隠れて賛成してくれていましたが、最後は、祖父母までにも反対されてしまいました。

私は、悔しくて1人で泣きました。

和氣邁氏の元へ何度か相談に行きましたが、仕事が常にあるわけではないからと、消極的な回答しかもらえませんでした。その結果、最後は、「木伐りはいつでもできるから」と言う師匠からの意見で、吊し伐りの就業をいったんは諦め、就職の道を選びました。

そのため、それから約2年半は、師匠の吊し伐りとは全く疎遠になってしまいました。

しかし、私は、師匠の元で吊し伐りの弟子になる道を決して諦めませんでした。

師匠の出世

私は、昔から、職人には出世なんてないものと思っていました。世間的にも、そういった風潮がありました。せいぜい、世間話で、あの人は上手だとか下手だとか評価される程度だと思ってました。

ところが、平成6年、和氣邁氏は、「特殊伐採技術保持者」として、矢板市の無形文化財の指定を受けました。

そのとき、私は、和氣邁氏に記念品として、掛け時計を贈りました。決して高級な物ではありませんでしたが、安月給の私にはかなり奮発した贈り物でした。

この出来事をきっかけに、私の木伐りへの夢は、ますます膨らむ一方でした。

今思えば、高校卒業直前に周囲の猛反対があったことから、逆に私の反発精神が燃え上がり、吊し伐りを諦めずに、今があるのだと思います。

欲しい物は簡単には与えない

話は前後しますが、師匠が木に登る際に使っていた木登りスパイクが欲しいと、師匠に何度かお願いしました。しかし、「まだな」とか、「もう少し経ってからな」とか言って、一向に、与えてもらえませんでした。

そのときの師匠の考えとしては、まだ、伐採の基本もわからないうちに木登りスパイクを与えると、むやみやたらに木登りをして木を伐るようになり、怪我や事故の元になるということと、安易に与えると物の価値がわからなくなってしまうということと、本当に欲しいのなら自分で努力して何とかしろといった考えがあったからでしょう。

自作の木登りスパイク

高校卒業後、いったんは吊し伐りの道を諦めた時期に、木に登るスパイクを自らつくり上げました。そのため、まずは電気溶接の練習をしました。

電気溶接は、溶接作業のときにとても強い光線を発するのですが、その光りで目が角膜炎になり、痛みで一晩中眠れなくなってしまったこともありました。

完成した木登りスパイクは、手づくり感が満載で、溶接部は鳥の糞を塗りつけたようでした。

私は、まず、この自作の木登りスパイクで、木に登る練習を何度も繰り返しました。しかし、そうは簡単には、登れませんでした。練習した木は、傷だらけになり、まるで熊が爪で、引っ掻きむしったようでした。

【図表３　手づくり木登りスパイク】

◎祖父

祖父の存在

話は変わりますが、私が木伐りになったのは、祖父の存在も大きいです。

祖父は、平成21年３月、私が34歳のときに亡くなりました。

その祖父には、私達、孫の成長の足跡を残す面白いアイデアがありました。

祖父は、稼業である農業を私の父に後を継がせた後、伐採や育林のための下刈り作業等も請け負ってやっていました。

その他、土木工場のコンクリート工事も請け負っていました。

私の兄弟は、上が姉で下が弟の３人兄弟の真ん中の長男ですが、祖父はその中でも、私を一番可愛がってくれていて、期待もしてくれていました。

コンクリートの足跡

私が幼い頃、わが家の納屋の土間コンクリートを打ち直したことがありました。

その際、生コンクリートを土間に流し込んだ直後、固まる前に私達３人の兄弟の足跡を踏みつけさせ、そこに日付とそれぞれの名前を書き、後に成長の足跡として残るように、型取ってくれたことがありました。

【図表４　木登り練習に励んだ木材】

傷だらけの丸桁

それから十数年後、そのアイデアは、今度は、その納屋の改築時の桁材に移りました。

私が、木登りの練習のために、木登り用のスパイクで傷だらけにした杉の木を、納屋の丸桁材としてあえて製材をせずに使用したのです。

このことは、師匠が亡くなってから、思い出したかのように急に気がつきました。

育林家の祖父

祖父は、大の育林家で、終戦直後の昭和20年代の20歳代後半頃から、先祖から受け継いだ荒れた山林を10年がかりで約10ヘクタールほど植林して、下刈りや枝打ち等の保育管理を自ら行って来ました。そのために木に対する愛着を非常に強く持っていて、木を伐ることが大嫌いな人でした。

当時、わが家は、稲作の他に、煙草の栽培もやっており、その他の労力は、すべて、苗木の育苗から、植林、下刈りなどの育林作業に費やされていたそうです。

もちろん、これらの植林された木は、自分の代では伐れずに、孫子の代で伐られることを楽しみにしていたそうです。

馬鹿な木ほどかわいい

あるとき、わが家が所有する山林内に、生育不良で、つる草の被害に合い、幹は曲がりに曲がって、芯も折れてしまっていて、周囲の木より日の光も満足に当たらずに、数年後には枯れてしまうような軟弱な檜がありました。

祖父は、そんなどうしようもない木に支柱を当て、真っ直ぐに育てようとしているのです。私は、祖父に「どうせそんな木は駄目になってしまうのだから、早いところ伐ってしまったほうがいいよ」と言いました。そんなことは、祖父も当然わかっています。

しかし、祖父は、「馬鹿な倅ほどかわいいんだ」と微笑みながら言い、その木を手厚く保護していました。さすがの私も、これには返す言葉がありませんでした。

祖父は、手塩にかけて育てて来たこの木に愛情を持ちすぎて、可愛そうで、惜しくて切れないのです。祖父は、この生育不良で曲がった木を、私と同様に大きく育ってくれることを期待していたのだと、後に思いました。

他にも桁材はあったが

話は、傷だらけの丸桁に戻ります。私は、この納屋の改築当時、他にいくらでもよい木があるのに、祖父は、他の木を伐るのがもったえなくて、この傷だらけの木を伐って丸桁材に使ったのだと思っていました。

この木材も、製材して平角の桁材として使えば、傷はなくなって良質材の桁材として使えるのですが、あえて製材せずに傷だらけの丸桁材として使ったのです。その背景には、ある狙いがあったのだと、かなり後で感じさせられました。

祖父は、私が夢中になって木登りの練習をした様子を、この木登りの練習で傷だらけになった丸桁を、わが家の宝として残しておきたのかったのでしょう。

年寄っ子三文安い

私は、両親と祖父母と共に同居をしていましたが、祖父母に育てられたも同然の年寄り子供でした。昔から「年寄っ子三文安い」と言われます。

これは、祖父母に当たる年寄りは、孫を叱らないので、年寄りに育てられた子供はわがままなダメな人間になってしまうと言う諺です。

私はまさに年寄っ子ですので、今でも、その傾向があるようで、おそらく一生治ることはないでしょう。

◎植林

自ら買い求めた山林

私は、ご縁があって、平成18年の32歳のとき、栃木県東部の那珂川町に約6ヘクタールの山林を買い求めました。その山林の一部には、まだ、竹や、藤つるや篠の藪で荒れ果てていて、未だに植林がされていない場所があります。

私は、時間を見つけては、少しの面積づつですが、植林を行っいて、育林のための刈り払い作業までも行っています。

伐採収穫期を60年と見ても、この木達が伐採収穫期を迎えるときには、自身は１００歳を過ぎてしまうので、到底、私が生きてこの木達収穫の日を迎えることはないでしょうが、私は植林をし続けます。

木を植えた人の思い

それは、私が木を伐るに当たり、その木を植えた人の気持ちになって伐るように心がけるとともにに、祖父をはじめ、先人達が、わが家や現在の山林を植林して次世代まで残してくれた志を、肌で感じ取るためです。

私には後継ぎがいないために、将来的には、この山林が他人に譲り渡る可能性もあります。しかし、何度も言いますが、私は植林をし続けます。なぜなら、祖父をはじめ先人達が、私が伐る木達を植えて、育てた上げた苦労を味わうためです。

現在の山林所有者や木材関係業者の中には、木材価格相場が低迷していることを見て、簡単に「今は木が安くてどうしようもない」とか、「山は邪魔」等と言って木や山を粗末に扱う人がいますが、価格が安かろうが、この木を伐れる時代の人は、この木を植え、育てていないので、何の苦労もしていないで、ただ、伐って、お金に代えているだけなのです。

それなのに、不満や悪口を言ったら、その木を植えた先人達は、どれほど悲しむだろうか想像もしたくありません。

造林補助事業

現在、植林作業を含めた間伐作業等の造林作業にも、国政の補助事業があります。それに伴う山林所有者への国庫補助金の交付制度もあります。

しかし、私のような小さな自伐型の林業経営者がこのような補助事業を受けるのは、条件が非情に厳しく、実質的には困難で、大規模な林業事業体や大地主でもないとこの補助事業経営は興せないシステムになっているのです。

下刈り作業

育林作業で一番苦労する作業は、下刈り作業です。私も、この下刈り作業は、大の苦手です。私は、大抵の仕事で嫌いではないのですが、この下刈り作業は、いつになっても嫌いです。

下草刈りは、真夏の熱い時期に行われ、立地は傾斜地が多いのでとても辛い作業なのです。おまけに、私は肌が弱く、下草には漆の木などの肌に有害な植物もあり、それらにかぶれ、直ぐに体のあちらこちらが痒くなってしまうのです。

最近は、林業従事希望者もかなり増えているようですが、この下刈り作業に耐えられずに辞めていく人が多いそうです。

◎甦(よみがえ)った「吊し伐り」への夢

師匠との再会

高校卒業後、いったんは師匠の元での吊し伐りの修行を諦めた私ですが、再び、師匠の元で本格的に修行をするようになるきっかけがありました。

それは、やはり師匠と初めて出会った自宅の裏山でした。吊し伐りを諦めて2年半ほど経過した平成7年12月のことでした。

自宅の裏山の氏神様の御神領にある欅が枯れ始め、伐採することになりました。その欅は、わが家の住まいの直ぐ斜め後ろにあり、樹高は約30メートル、胸高直径はおよそ80センチ、上部の又の枝下までは約９メートルくらいの大木でした。

その木の約５メートルほど離れたところには、石材制の氏神様のお社が鎮座していたため、根元から直接倒すことのできない状況だったのです。

初めての「吊し伐り」への挑戦

私は、この欅の大木の伐採に挑戦しました。

立地条件が悪く、そのまま伐倒することが困難なので、吊し伐りや、中段切りの特殊伐採の技術が必要でした。

もっとも、万が一失敗しても、自宅の木なので、他人に迷惑をかけることがなく、絶好の吊し伐りの練習の場でした。

私は、仕事が休みの休日に、家族や近所のお手伝いさんの協力を得て、師匠の代名詞とも言える「吊るし伐り」の手法で、この欅の枝を伐り、吊り下ろしました。

自作の木登りスパイクを使い登り始めたのですが、胴綱（ランヤード）がたるんでしまい、なかなか上がらないのです。

やっとの思いで中間程度までに登れたと思えば、木は上部に登るに従って細くなるため、胴綱の長さを調整している伸縮機により胴綱を短く縮めなければならないのですが、胴綱に寄りかかったままではうまく縮めることができないのです。そんな葛藤を繰り返しながら、やっとの思いで9メートルほど上部にある股部まで登れるようになりました。

最初は、股部まで登るのに30分ほどかかりましたが、回数を重ねるうちに5分くらいで登れるようになりました。今では、1分もかかりませんが……。

股部まで辿り着いたと思えば、今度は、二股に別れた幹の片方に移ることがなかなかできません。苦労してやっとのことで移れたと思えば、次は、斜めに伸びている幹枝に登るのですが、この斜めに伸びた枝に登れば身体の重心が左右にぶれ、不安定になり、転げ落ちそうになるのです。

木に登っただけではまだ何もできていない

そのとき、始めて師匠に出会った頃の出来事を思い出しました。私が、師匠の木登りの技を称賛すると師匠は、「木に登るということは、単に、木の根元に行ったに過ぎない」と言っていたのです。目的は伐採であり、木に登っただけでは、まだ伐採の作業は何もできていないということです。今の状態では、何の作業もできていないのと同じなのです。気が遠くなりましたが、私は何度も挑戦し続けました。

そんな心の葛藤を抱き、師匠の吊し伐りを自分なりに想像しながらも、欅の吊し伐りは進みました。

途中、吊るした枝に脛（すね）を挟まれ、ズボンの裾が通りにくくなるほど太く腫れ上がってしまったり、吊りロープの吊り位置を間違え、伐った枝の木口が自分の方に向かって飛んで来て腹部を強打したこともありました。

さらに、中盤を過ぎた頃、どうしても自分には伐れない部分にぶつかりました。それまでに経過した月日は、足掛け2か月ほど、従事日数は延べ10日ほどでした。

自分には手に負えない、ここから先は、父や祖父にも相談して、師匠である和氣邁氏に依頼することになりました。

伐採当日、やって来た師匠は、私が途中まで伐った欅を見て、「よくここまでやったな」と軽く誉めてくれました。

小さなチェーンソー

師匠は、伐採作業に入る前に、まず、チェーンソーの刃を研ぎ始めました。それを見て、私は、大木を伐るチェーンソーが小さいことに驚きました。師匠は言いませんが、小さいチェーンソーで大木を伐るのが師匠の技なのです。

私が伐れなかった部分の作業は、1時間程度では終了しました。師匠は、休憩のために木から下りて来ました。

師匠に見せた中段伐り

休憩中、私は、「ここから先の中段伐りは自分にやらせてもらえませんか」と師匠にお願いしました。すると師匠は、「そうかやってみろ。時間はいくらかかってもいいのだからな」と喜んで後を任せてくれました。

その後、2時間ほどで私の役目は終わり、残りは長さ9メートルほどの根元を倒すだけになりました。伐る木の根元の直径は130センチほどです。師匠は、朝一番で研いでいた、このような大木を伐るには小さ過ぎると思われるチェーンソーで伐り始めました。

【図表5　自宅裏山での中段刈りの様子】

倒す場所はとても狭く、右側には別の大木、左側には新築したばかりのわが家があり、伐倒方向の間違いは、許されません。そんな緊張感が漂うなか、師匠は、見事に、狙った大木と家屋の間に欅を倒しました。

私は、伐採作業が終わってから、師匠に「今度、伐採があったら呼んでください。手伝わせてください。手間賃はいりません。あくまでも研修生でお願いします」とお願いをしました。

これが、私と師匠の命を掛けた、本格的な吊し伐り、そして、人生の師弟関係のスタートでした。

第2話　修行のスタート

◎本格的な修業のスタート

まずは下準備から

翌月頃から、本格的な修行がスタートしました。

後に、詳しくお話しますが、私は、高校卒業時に別の職業に就職をしていたので、吊し伐りの修行は、本業が休みのときに行っていました。

最初は、師匠が伐る木をワイヤーで引く準備をしたり、師匠が伐り倒した木の枝を切る作業でした。既にチェーンソーでの枝伐り作業や立木の牽引器具等の取扱いはできるようになっていたので、この程度のことはお手の物でした。

その後、師匠が中段伐りする木の枝伐りだけをするようになり、徐々に、心頭部を切り落とせるようにまでなりました。

【図表６　吊し伐りされた木材を引き寄せる筆者】

何も教えない教え

師匠は、言葉では何も教えない人でした。これは、昔からの職人の育成方法のようでした。

普通、職人の親方というと、弟子や若者を大声で叱ったり、怒鳴っているイメージがあります。もっとも、現代の社会で、部下に何も教えなかったり、怒鳴ったりしたら、パワーハラスメント（パワハラ）になってしまいますが、師匠はそのようなことは全くありませんでした。

周囲の人たちは、師匠のこの教育方法を見て、「今は、あんな昔のような教え方をしていたら、後継者は育たない」とか、「和氣さん（師匠）は、他人に仕事を教えると自分の仕事がなくなるから教えないのだ」と悪く言う人までもいました。

しかし、私は、この教育方法に何の違和感も抵抗もありませんでした。むしろ、自分なりに見つける、新たな発見が感動でした。

仮に、今後、私の元に木伐りの手解きを受けたいと言う者が現れたら、やはり同じ方法で人材育成をします。

この教育法が古いとか、今は時代が違うとか、非難されようが構いません。学びに来る者がいなくても、訪れる者がいなくても構いません。私は、本物の一流の人材だけを育てたいからです。

時代を変えてしまう人

世の中には、従来の教育法が億劫で、「今は時代が違う」と諦めてしまう人がいますが、こういった人は、大抵、物事が上手くいかず、古いことを理由に、時代の流れのせいにして、できない理由にしているだけなのでは、ないでしょうか。

こういう人は、物事の本質を知らずに、周囲の風潮に流され、何事も最後までやり遂げずに、途中で諦めてしまっているのです。

物事には、正解も、不正解もないのです。ただ、本質を追求して、最後までやるかやらないかだけの違いなのです。

教えない教育の目的

私は、当時は、この教えない教育方法は、単なる昔からの職人を育てるための伝統的な風習だと思っていましたが、本当は、自らの「考える力」をつけるための教育方法なのだと、かなり後に思いました。

「教えない教育法」は万人に適しているわけではない

ところで、この教えない教育の方法ですが、誰にでも適しているわけではないと思います。

例を挙げると、単に物をつくるだけの単純労働者（ワーカー）を育てるのには、この方法とは反対に、1から10まで全部言葉で教えて、それだけをやらせておけばよいようです。

しかし、将来的に、職人であっても、名人とかプロフェッショナルと言われる人や、親方とか、大工さんでいえば棟梁と言われる立場の現場のすべてを仕切る人材、会社組織で言えばプロデューサー（経営者）やマネジャー（指揮者、監督者）と言われる人材を育てるのには、この「教えない教育」が必要なのです。

とはいえ、先ほども言いましたが、現代社会における「教えない教育」は、受け手側の捉え方によってはパワーハラスメントになってしまいますので、お互いの信頼関係に加え、相手の理解が欠かせないといえます。

刃物を見れば職人の腕がわかる

そんな師匠が、言葉で教えていたことが1つだけありました。それは、職人の腕の見極めの格言のようなもので、「刃物を見れば職人の腕がわかる」ということでした。チェーンソーの刃（刃物）を見れば、その伐採職人の腕がわかるというのです。つまり、職人の刃物は、技量、心のバロメーターだというのです。

昔、歯磨き剤のテレビコマーシャルで、「芸能人は歯が命」というのがありましたが、職人も「刃が命」なのです。

現在も課題

師匠が言葉で教えた格言ですが、実は、恥ずかしながら、あれから20年以上経った現在も、私の最大の課題として残り続けているのです。

チェーンソーの刃には、刃の切れ過ぎを調整するデプスというものがついています。このデプスは、刃を磨ぎ込んでいく際、高さを平やすりで削って低く調整することにより、刃の切込み具合を調整する機能があります。そのため、このデプスが高い状態にあると、刃本体をいくらよく研いでも、切れるようにはならないのです。

また、デプスは、1本のチェーンのすべてが同じ条件に研げていないと、真っ直ぐには切れないのです。

【図表7　デプス】

このデプスは、刃の切込み具合が低くなっても使い続けていると、デプス自体の摩擦が多くなり、熱を持ち、硬くなってしまう上、石等の硬い物を切ってしまうと刃本体が切れなくなってしまうのはもちろん、このデプスまでもが潰れて硬くなってしまうこともあります。

このように硬質が硬く変化してしまったデプスは、ヤスリで削りにくくなってしまい、1本の刃のそれぞれのデプスの材質も不揃いになってしまうのです。

こうなってしまうと、デプスをヤスリで擦る回数を単に一定にしただけでは、1本の刃のデプスを全部一定にすることができなくなってしまうのです。

それに、もともと、デプスは、材質が硬化してしまう等のトラブルがない通常の状態でも、全部同じ高さに仕上げるのはなかなか難しい代物なのです。ともするとヤスリ１回１回の削る際の力の加減が違ってしまっていて、それぞれのデプスに高さの違いが微妙に出てしまうことが往々にしてあるからです。

チェーンソーで木を真っ直ぐに切るために必要なことは、刃本体を上手く研ぐことはもちろん大切なことですが、それ以上に、このデプスを全部一定に磨ぎ上げることのほうがそれ以上に重要なのです。

デプスは、単純に高さを一定に磨ぐだけを求められるのですが、私は、なぜかこの単純なことがよくできないのです。

恐らく、このデプスを削る際の集中力に欠けているとともに、デプスの高さを見る感覚がおかしいのだと思います。

◎単純作業は意外に難しい

単純作業ほど馬鹿じゃできない

単純作業は、そのことしかできない、能力の低い人がやるものだと思われがちですが、私は、この単純作業を続けて上手に行える人は、ある種その人の才能だとも思っています。

学校の勉強でも、学力が低いと言われている生徒は、このじっとして授業を聞いているという単純なことができないのです。そのため、授業内容が理解できず、成績が悪いのです。

私がチェーンソーの刃のデプスを一定に磨げないことも、学生時代に授業に集中して勉強できなかったことと同じところに起因しているように思えます。

山林作業も

私は、高校時代以前からの木伐りや山林作業の経験のお陰で、高校の農作業の実習もよくできるようになっていました。

先に挙げた、山林作業の植林の際の苗木の植付けや下刈り作業も同じことで、単純作業だから未経験の人でもできると簡単に軽視されがちですが、これも集中力のない者には務まりません。

したがって、こうした仕事をしているため、自分は能力の低い人間だと思って自信を持てない人は、自分は集中力が高い、能力も高い人間なのだと思い改めてください。もっとも、質の高い単純作業をこなした上の話ですが……。

とはいえ、これらの作業は賃金が低いことも手伝って、よい人材が集まり難い現状があります。単純作業に従事している人がダメなのではなく、単純作業の賃金体形がダメなのです。

「縁の下の力持ち」と言われる人や職種の人がいますが、そう言う方々は、こういった単純作業がよくできる人なのではないでしょうか。

単純作業は、何も考えずに、脳を使わない簡単な作業と言われることが多いようですが、良質の単純作業ができる人は、頭を使っていないのではなく、体が仕事を覚えていて、何も考えなくても無意識で作業ができているのです。

私のような特殊伐採を行う者もそうですが、立木に登って作業をする者が優れているのではなく、それらを補助する者までが優れた人材でなくてはならず、その人達も主役なのです。

山林作業も、苗木の植付けや下刈りは能力が低い者がやって、特殊伐採は能力の高い人間がやるのではないのです。単純作業ができない人や、他人がやりたがらない作業を嫌がってやらない人は、高度な技術を要する特殊伐採等も満足にできるようにならないのではないでしょうか。

◎枝切りを見れば職人の腕がわかる

もう１つの木伐り職人の腕の見極め方

伐採職人の腕は刃物を見ればわかると前述しましたが、私の見解では、実は、もう1つの見極め方があります。それは、伐倒した木の枝切りです。

枝切りの要領がよく早い人は、枝切りだけにとどまらず、伐採のすべての作業も早くて上手いのです。枝切りが遅くて丁寧な人は、仕事の仕上がりがきれいですが、時間がかかります。

逆に、枝切も遅くて仕事も雑で下手な人は、やはり仕事も雑で下手な上に危険です。

伐採作業で一番ケガが多い作業

私は、伐採作業で一番ケガが多いのは、枝切り作業時だと見てます。一見、枝切り作業は、初心者でも簡単にできそうなのですが、枝切り作業の技術は重要で危険度の高い作業なのです。

それだけに、木の枝伐りが早くて上手い人は、他の仕事も早くて上手いのです。早くても雑な枝伐りしかできない人は、他の仕事もそれ相応です。中には、枝伐りが丁寧過ぎて、仕事が遅く、そこまでする必要があるのかと思う人もいます。

状況を説明すると、杉や檜といった針葉樹（黒木）は、枝節までも残さずに幹と平行に切ってあるかどうかがポイントです。枝が完全に切れておらず中途半端に残っている状態を、一般に「金平糖」や「でんでん虫」と呼びますが、悪い喩えにされています。

楢や櫟といった広葉樹（雑木）は、股部の分かれた部分の元のところで切れているかどうかで判定します。

股部がYの字になっていてきれいに切れていない状態は、栃木の郷土料理である「しもつかれ」をつくる際の大根おろしの道具に喩え「鬼おろし」などと言われて、悪い例にされます。

以上のように、枝切りには伐採職人の技術と性質と性格（正確さ）が表れるのです。他業種でも、このような、その人の技量と性格を、見抜く作業があるかと思います。それは、やはりこのような単純な作業かと思います。

◎なくなった教材

今は職人を育てる教材がない

今後、仮に私の元に伐採の手解きを受けたいという人が現れても、育て上げる自信がありません。というのもは、伝え手としての技量の問題よりも、弟子を育てる教材がないからです。

格好の教材となる銘木、大木、伐採困難な木は、ほとんど切り尽くされており、あまり残っていないからなのです、おまけに木材の価格は、昔より著しく低下してしまい、立木を雑に無駄に伐っても、金銭的に損害は少なく、高度な伐採技術は必要ないというわけです。

こうした傾向は、伐採業だけにとどまらず、大工さん等の関連業者や、他業種までにも及んでいるそうです。

刃研ぎの時間

話は、刃の話に元に戻ります。

私の場合、チェーンソーの刃は、お昼休みの時間と決めていました。昼食を食べ終ると、師匠にわからないようにその場を抜け出し、こっそりと研いでいました。

普通の人であれば、「お昼休みを返上して刃研ぎをするんだぞ」と言わんばかりに、得意になって、大ぼらを吹いて、やったことでしょう。

しかし、「自分の手柄は、決して自らは語らない」という師匠の気質、精神から学んだ私は、できなかったのです。

◎広大な伐採地域

師匠と巡り歩いた伐採現場

伐採を依頼される地域は、地元の日光市の日光東照宮を含めた2社1寺を始めとする栃木県内から、北は青森県、南は静岡県から三重県伊勢市の伊勢神宮まで、東は茨城県鹿嶋市の鹿島神宮、千葉県香取市の香取神宮、西は新潟県佐渡市まで広がり、本州各地を走り周りました。

その場合の現場へは、どうしても車での移動になります。この移動の際の車の運転は、すべて私が行いました。

どんなに疲れようが、師匠が気遣ってくれて運転を代わろうと言われようが、私が運転し続けました。

師匠と私の車

ここで、師匠が伐採業務で使っていた車のお話をさせていただきます。

師匠は、私と出会ったとき、トヨタのランドクルーザー40系に乗っていました、後継は、同じランドクルーザーの70系でした。

この車には、ＰＴＯ（機械式）のウインチが付いていていて、これを使って立木を牽引して倒したり、伐った木材を引っ張り出したり、立木の上部にワイヤーの引く方向を変える滑車を取り付け、師匠の十八番である「吊し伐り」をするのです。

【図表８　初購入のウインチ付ランドクルーザー】

私も、高校卒業後、直ぐに、このウインチ付のランドクルーザー40系の中古車を買いました。当時、この車種はすでに生産はされておらず、製造後13年も経っていて、エアコンも付いておらず、ハンドルもパワーステアリングでなく、錆びも出ていて、まるで古物店にある鉄屑のような車でした。しかし、私は、師匠のように、この車で将来「吊し伐り」ができる日を夢見て、この車に憧れて買ったのです。

当時の価格で１００万円でした。周囲の人達からは、「何であんなボロ車を買ったのだ」と馬鹿にされる始末でした。

私は、ランドクルーザー40系を5年間乗った後も、師匠と同じランドクルーザー70系を買いました。このランドクルーザー70系にもＰＴＯ機械式ウインチが付いていていて、これを使って吊し伐りや立ち木を伐る際の牽引に使ったりと、いろいろ便利に活用したものです。

盗まれたランドクルーザー

しかし、私のこのランドクルーザー70系も、42歳の厄年に、盗難にあって失ってしまいました。ランドクルーザーは、人気車種で、古くて走行距離が多くても高値がつくそうなのですが、その高額な買取り査定がつく車を盗まれたこと自体よりも、師匠に憧れて買った車であり、本州各地を伐採で走り回った思い出がたっぷり詰まった車を失ってしまったことが最も悔しかったです。

地元のカメラ店のCMで、「物より思い出」と言っていましたが、このとき初めて思い出の大切さを身に染みて感じさせられました。

現場を師匠と別々に

やがて伐採の依頼が多くなり過ぎ、師匠だけでは手に負えない状況が生じてきました。、そのときは、2人が別々に現場に向かいました。同じ車種の別々の車でそれぞれが移動したわけです。

その後、私は、師匠から完全に独立し、疎遠になりましたが、その後も師匠はランドクルーザープラドに買い換えた頃、私も同じランドクルーザープラドに乗り換えていました。

完全に師匠から独立してしまった後も、このランドクルーザープラドを買ったということは、師匠への憧れと存在が心のどこかに残っていたのかと思います。

今は、ＰＴＯウインチ付き車種が生産されておらず、これと同じように、師匠の吊し伐りと疎遠になってしまったことも、運命的なものも感じます。

◎独立

激減した師匠の元での伐採

平成10年８月頃を境に、師匠の元を訪れる機会が減り始めました。それは、伐採の仕事が私に直接依頼されるケースが急増して来たからです。

それ以前、私は、師匠の元に弟子に入ってしばらく経った頃に、近所に住む20歳以上年上の林業の先輩から「お前は将来、絶対に、邁さんの敵になる」と言われていました。

当時は、「そんなことあるはずがない」と思っていましたが、思えば自分も知らないうちに、それは始まっていたようでした。

師匠と私の世間の評価

いつの頃からか特定はできませんが、私は、周囲からよい評価を受けられるようになりました。それに伴い、師匠も、私の先生として評判となりました。

師匠をよく知る人からは、「まさに、和氣（邁）さんの弟子は違うね」と評価される一方で、師匠の存在を知らない人は、「和氣さん（筆者）の師匠はどんな人なのですか」と師匠の存在に対して驚異を感じておられたのです。

これを聞いて私は、師匠の弟子であることに誇りに思いながらも、「師匠に恥はかかせられない」といったプレッシャーをひしひしと感じました。

私が思い至ったのは、「弟子を見れば師匠がわかる」という格言です。「子は親の鏡」という言葉もありますが、世間はそういう目で見ているのだなと、身が引き締まる思いを抱きました。

【図表９　矢板市市制50周年事業のNHK公開録画】

和氣ブランド

そんな中、私は、師匠と私の特殊伐採の「和氣ブランド化」を目指そうと考えました。

きっかけは、平成18年7月、矢板市の市政50周年記念事業の一貫として実施された、ＮＨＫ・ＢＳの公開収録でした。番組名は「いくよ後輩ほい来た先輩……わが町の先輩後輩」です。

タレントの松本明子さんが司会で、ゲストに有名演歌歌手の山本譲二さんや、漫才コンビの青空球児好児さん達が共演する番組でした。

この番組には矢板市内から3組の先輩後輩が選出され、師匠と私は、伐木安全士の先輩後輩として、テレビ放送で紹介されました。

私が目指していた、和氣ブランドの確立化のスタートだと思いました。

◎普通とは

普通は所詮普通

師匠が移動式クレーンで吊し伐りをする際に、いつも一緒にやっているクレーンのオペレーターが言っていた話があります。

それは、師匠の元に学びに訪れた方がその特殊な伐採技術を見て、そのオペレーターに、「普通は、ああいう切り方はしないですよね」と尋ねたそうです。すると、クレーンのオペレーターさんは、「和氣さん（師匠）は、普通じゃないから」と答えたそうです。

私も、今では、同じように「普通はこういうやり方しないですよね」と聞かれると、自信を持って「自分は普通じゃないですから」とお応えしています。

このとき、言われた人は、「普通じゃないのは、伐採技術じゃなくて、人間のほうじゃないか」と、思われているのではないかと、私は思ってます。

◎技術とスピード

世間からの評価

時は過ぎて、世間からの私の特殊伐採の技術に対する評価はさらによくなり、お世辞を含めてのことでしょうが、師匠よりも私のほうが腕がよいと称賛してくれる方も出て来るようになりました。

確かに、師匠よりも私のほうが年齢も若く、体力もあり、腕力も強いですから、単なる、木登りや枝伐りは、私のほうが早いのかも知れません。

師匠には及ばない技術

しかし、師匠が亡くなった今も、私が到底かなわない技術があります。

それは、前述したチェーンソーの刃研ぎです。真っ直ぐに切れる刃が研げません。

このことは、今でも私の最大の難題として、悩み続けさせられています。

何しろ、師匠が唯一、言葉で教えた「刃物を見れば職人の腕がわかる」がクリアできていないからです。

縦挽き

話は戻りますが、わが家を新築する際、裏山で伐採した杉を大桁材として使いました。長さは10間（約

18メートル）、高さ1尺2寸（約36センチ）幅6寸（18センチ）でした。長過ぎて、製材工場での製材も不可能、搬出も困難だったため、師匠に依頼して、その場でチェーンソーで製材してもらいました。チェーンソーは、通常、木の年輪層に対して横に切るものです。しかし、この場合は、縦目に切り（挽く）ました。そのため、研いだ刃の形状も、通常とはかなり違っていました。

仕上げるのに2日がかりの大仕事で、挽いては研ぎ、挽いては研ぎの繰返しでした。

挽き上がった大桁材は、大工さんが鉋をかけたと見間違えるほど、美しく仕上がっていて、まるで芸術でした。私は、あまりの感激に、同行していた大工さんや師匠に、「これ、鉋かけなくても大丈夫ですね」と冗談を言ったほどです。

私も、1度だけ、チェーンソーでの木挽きの仕事を依頼されたことがありました。それは、欅材を製材工場で柱材に製材するときのことでした。丸太が太過ぎて製材機での製材が困難ということで、丸太の外側の価値の低い白太の部分の挽き落としを求められたのです。

結果は、両側から通したチェーンソーのバーは段違いになり、とても見にくい仕上がりでした。もっとも、最終的には製材機で仕上げるのと、価値が低い白太の部分の挽き落としだったので、まあまあよしとされました。

進化し続ける師匠

独立してからも、師匠と一緒に伐採の仕事をする機会は何度かありました。

そのとき改めて驚かされたのは、師匠は世間一般の通常のサラリーマンなら定年退職する60歳の年齢にもかかわらず、師匠のその技術の衰えを感じさせるどころか、益々、腕が上がっているという事実でした。

チェーンソーでの限界

師匠が60歳、私が25歳の時でした。新潟県の松之山町で、杉の大木の伐採がありました。

師匠が昇って伐った杉の木は、目通りで約5メートル弱、1玉4メートルに、上部から順に切り落として、最終的には12メートトで倒すという中段伐りの伐採でした。

私は、その近くにあるもう1本の少し細めの杉の木の中段伐りを任され、同じ高さから師匠の仕事振りを拝見させていただきながら、仕事をしていました。

地上12メートルの部分でのことです。伐る位置の直径は約110センチでした、このとき師匠が使ったチェーンソーのバーの長さは60センチでした。このサイズのチェーンソーのバーで伐るには、限界の太さの木のサイズです。

理屈では、チェーンソーのバーは切る木の両側から切り込めばバーの2倍の太さの木は切れると言われてます。しかし、実際は、バーの先端の丸みやチェーンソー本体が木に触れて障害になり、ガイドバーの長さの2倍の直径の木を切ることは不可能なのです。

ところが、師匠は、この地上12メートルで、直径約110センチの杉の大木を見事に真っ平に切り落としました。

私は、度肝を抜かれました。久し振りに会った、60歳の還暦を迎えた師匠の腕が、この歳になっても上がっていて、そこには、ただただ驚く私がいました。

その後も師匠の腕は、衰えるどころか上がる一方で、止まることを知らない様子でした。

生涯進化し続けた師匠

師匠が亡くなる1か月くらい前に、朝日テレビの番組で、「77歳の現役の空師」として、師匠が取り上げられ、報道されました。

この「空師」という名称は、私が、師匠の元に訪れている頃はまだなかったワードでした。ルーツを辿ると、最近、関西方面から流れて来た言葉であり、その言葉の意味は、空に一番近い場所で仕事をする師と言うことだそうです。

私は、この番組の放送があることを知らずに見逃してしまい、実際に見たのは師匠が亡くなった1週間後くらいでした。師匠が入会していたシニア倶楽部の総会で放映されると聞いたので、その会の役員さんにお願いをして特別に見せていただきました。

伐採する木は、日光東照宮の境内にあり、目通り（胸高周囲）約5メートル、樹高は約50メートル、推定樹齢は６００年。移動式クレーンを用いての吊し伐り伐採なのですが、国宝級の建造物が建ち並び、テレビカメラも回っていて、師匠も、このときは、かなりのプレッシャーに襲われたかと思われます。

この木は、技術はもちろん、それ以上にメンタル面が強くないと伐れない木です。上映が始まりました。実に、8年振りに、スクリーン越しに見る師匠の吊し伐りをする姿でした。

通常の動作こそは、老えを感じましたが、この太さの木になると、木に登る際に身体を預ける胴綱（ランヤード）がたるんでしまい、上に跳ね上げることは大変難しいのです。しかし、師匠は、まるでフラフープでも操るかのように軽々と胴綱を跳ね上げ、この巨木に登って行ってしまいました。見事なまでの胴綱捌きでした。

伐採も進み、地上12メートルくらいの最後の中段伐りが始まりました。この位置での切断面は、正確な数字は確認できませんが、１００センチは優に越す大きさです。これも見事に、真っ平らに切り上げられたのです。

衰えない師匠

「77歳の現役空師」の技術は、前にもお話した、師匠が60歳のときに、新潟県松之山町で杉の大木を見事に、真っ直ぐに中段伐りした光景にそっくりでした。以来、77歳になるまでの17年間、技術の衰えを感じさせませんでした。

やはり「刃」

ここで重要なことは、何度も言いますが「刃」なのです。私の現在の最大の課題であるチェーンソーの刃研ぎが重要なのです。

誰しも、77歳にもなれば、視力もかなり低下するはずですが、師匠は眼鏡もかけずにチェーンソーの刃を研いでいます。これは、視力がよいのではなく、感覚で研いでいるのだと思います。半世紀以上チェーンソーと共に過ごして来て、その刃を研ぐ感覚が、体に染みついているのだと思います。

◎刃もそれぞれ個性がある

チェーンソーの刃も人間と同じ

私も、チェーンソーを使う人に、「刃は、どうやって研げば真っ直ぐに切れるようになれるのですか」と聞かれることがあります。その際、私は、「全部切れるように研いでやれば大丈夫です」と答えるだけです。

すると、聞かれた方は、「刃の残りの長さを全部同じにするように、ヤスリで研ぐ回数は全部同じ回数で擦ってます」と答えてこられます。

しかし、これが大きな間違いなのです。肝心なのはここからです。私達が、メインで使うチェーンソーのガイドバーの長さは20吋（インチ）あり、刃の数はおおよそ56枚あります。これらを研ぐときは、すべての刃の傷み具合や硬質までも変っていてしまっていて、１枚１枚すべての条件が違います。

したがって、チェーンソーの刃研ぎ用の丸ヤスリで5回擦れば研ぎ上がるものや、10回以上擦らないと仕上がらないものなど、いろいろと違いがあります。

ここで仮に、すべて、ヤスリで擦る回数を7回にしたらどうなるでしょうか。7回以下で研ぎ上がるものは切れますが、7回以上擦らないと切れない刃は、当然、切れません。

学校の学級も同じです。テストの点数で30点しか取れない生徒と、80点を取れる生徒が同じ授業時間で勉強したらどうでしょう。80点を取れる生徒は、今以上に水準が上がると思いますが、30点しか取れない生徒は80点の生徒との差を保つだけで精一杯か、離される一方で、これが毎日続けば、成績の差は格段に開いてしまい、落ちこぼれが発生してしまうのです。

チェーンソーの刃も、1枚1枚をその刃に合わせて研げば、真っ直ぐに切れる刃になるのです。チェーンソーの刃の場合、研ぐ回数を一定にしないと残りの刃の長さが違ってしまい、切れ方も少々違ってしまいますが、一番傷んだ刃に合わせて擦る回数を合わせて研ぐと、1本のチェーンの寿命が、短くなってしまいますので、私はそこまでは、念入りには研ぎませんし、そこまで追求する必要はないと思います。

私の場合、銘木と普通材での研ぎ上がりの精度により費やす時間は変えますが、それぞれの刃の残りの長さが極端に変わらずに研ぎ上がればよしとしてます。

最近は、銘木の価値も著しく低下して、ていねいに切る必要性も低いので、研ぐ時間ももったいないため、チェーンソーの刃の研ぎ方も雑になり、研ぎ上がった刃の質も低下してます。

狂ってしまった感覚

後に詳しくお話しますが、私は、42歳の本厄年のときにストレス病を発症しました。それにより体の感覚が変になったのかどうか、刃が以前ほど上手く研げなくなってしまいました。このことによって、腕も悪くなっているのかどうかが心配になります。

◎スタート地点

人生のハンディ

話は一転しますが、学校も社会も人生のスタート地点が違うのです。

成功した次の世代からスタートする人間や、資金も何もないところからスタートする人、一流大学を出て社会人になる者、私のように漢字も満足に読めない状態で社会に出てくる人間と、人生はそれぞれスタート地点が違うため、下流の人間は、上流の人間と同様の努力をしなければ、いつになっても追いつけないどころか、離される一方なのです。

これは、その逆も言えると思います。上流の優秀な人間が、いつまでも昔の優秀な自分のつもりでいて、ぬるま湯につかっていると、人並み以上に努力をして来た流の人間にいつか追い越されてしまうのです。

大きな会社や組織の人間も同じだと感じます。

採用時は、一流の学校を卒業し、優秀な成績で高倍率の中から選び抜かれて採用されて来たものの、安定した、危機感も競争もない世界で、平和な生活を過ごしていれば、成長どころか、平和ボケして、馬鹿になる一方なのです。

これは、貧しさも同じです。貧しい人が、お金持ち並みにしていて、金がないと言いながら、何の努力もしないで、のんびり過ごしていたら、いつになっても、貧しいままなのです。

ところで、努力は嘘をつかないとか言われますが、努力しても、必ずしも成功するとも限りません。努力は、豊かになるための最低条件なのです。

仕事の上達が早い人

私は、他の人から、仕事の上達が早い等と言われるときがあります。

ここでは、私の考える仕事の上達が早い人と遅い人についての違いを語らせていただきます。

その違いとは、何のために仕事をしているかということです。仕事を覚えるために仕事をしている人は、上達が早く、お金のためや組織の命令により仕方なく仕事をしている人は、上達が遅いのです。

上達しない人は、やる気がない人とか、才能がない人と思われがちですが、この場合ですとやる気の方向性が違うのであって、お金のために仕事をしているのか、仕事が好きで仕事をしているのかの違いがあるのだと、私は考えます。

第3話　二足の草鞋（わらじ）

◎伐採業は副業

二足の草鞋で

私は、今まで、この特殊伐採の仕事を、二足の草鞋で行って来ました。

副業は、会社や公務員では法律で禁止されているようですが、私の場合、休日に行っていたために、勤務にも支障がなく、職場から黙認されていた面もありました。

本業でも役立った「吊し伐り」

吊し伐りは、本業の職場でも役に立ちました。職場の支障木や危険木を、同僚の職員達と、特殊伐採や吊し伐りで伐採したこともあったからです。

このことは職場内でも評判になり、職場の環境美化担当の職員からは、「これを業者に依頼したら大変なお金がかかる」と、特に感謝してもらい、喜んでいただけました。しかし、このことを妬んだりする職員もいました。

私の副業は、見方を変えれば、業務遂行上での研修なのです。

しかも、手当も旅費も支給されないものであり、自ら必要性を感じて、休日返上で企画した研修なのです。

副業の禁止の目的

ところで、副業は、なぜ禁止されていると思いますか。大抵の人は、副業に時間や労力を使い過ぎてしまい、本業に支障が出るからだと思うでしょう。

しかし、それは能力の低い人間であって、能力の高い人は、副業を持つことによって、自分が磨かれ、本業にもその能力が発揮されるのです。

働き方改革

現在、働き方改革とかが叫ばれていますが、対策としては、有給休暇を取りやすくするとか、定時に帰り残業をしないなどと、労働時間の短縮や業務を軽減するなどしか具体策に挙げられていません。

しかし、これでは、自分の能力が向上するどころか、停滞ならともかく、それどころか低下したり弱くなる一方で、一向に能力は上がらず、働き方改革は実現されずに、悪化する一方に思います。

本当の働き形改革とは、自分の能力を高め、自分を強くした上で、仕事の質を向上させ、労働時間を短縮させ、時間を有効に使えるような方向に向けることが必要なのだろうと思います。

働き方改革は、ほとんどの労働者は会社などの雇用側が企画して与えられるものだと考える風潮があり、それに則ろうとの考え方の人がほとんどだと思いますが、労働者本人が自ら考案したり起動させせなければ実現化されないのではないでしょうか。

その一画に副業は必要だと思います。

副業禁止の本質

私が想像する本当の副業禁止の目的の原点は、その組織の従業員や職員が副業を行うことによって他の世界を見て賢くなってしまい、彼らを支配する者が、この労働者達を操り人形のように自由に支配できなくなってしまうと思っているからではないかと考えます。

もっとも、現代の支配者は、ここまでは考えてはいないかも知れませんが、副業禁止の原点はここにあると思います。

副業禁止と同様に、支配者は、支配する者に教育や研修等の学の場を与えてはいけないのです、このことは、発展途上国の労働者の状況を見ればわかります。

これらの国の労働者達は、1日の半分以上の時間が労働時間となり、毎日、夜明けから日没まで働き、教育も研修も与えられずに、ただ日々こつこつと最低限の生活を送るためだけの賃金を得て、労働をし続けています。

国は、国民や労働者の質の向上により発展していくのだと思います。これは、戦後の高度経済成長以降の日本国と同じようなものです。太平洋戦争後、日本国民は平等になり、誰もが、教育を受けられるようになり、世論の発展により、正確な情報も、国民が知るようになりました。

戦後の農村地域も、農地解放により貧富の差もなくなり、地域格差もあまりなくなりました。

国や社会の発展は、国民1人ひとりが主役で、それぞれの進化が社会の発展につながるのです。

副業のすすめ

前述のように、現代の働き方改革でも、副業を容認している会社が増えていると聞いてます。副業を持つ能力があれば、リストラや会社の倒産で、万が一、職を失っても、次の再就職や、自ら事業を立ち上げることなどがしやすくなります。いわば、これらは、自分自身を護る鎧であり、特に優れた特殊な能力を持っていれば職場と対立した場合の武器ともいえます。

もちろん、それにはかなりの特殊な能力と高度な技術が必要になりますが、現在の社会では、終身雇用が崩壊し始める中、副業の在り方は、必ず大きな課題となって来ます。

フリーランス

現在、フリーランスと言われる働き方をする人が増えて来ているようです。このフリーランスとは、特定の企業や組織に専従せず、独立した個人事業主や個人企業法人で、自らの技能や能力を駆使して、企業から請け負った業務を実際に遂行する働き方を言います。

フリーランスの業務と聞くとイラストレーターやデザイナー等の商業芸術分野やライターやジャーナリスト等のマスメディア分野の業務が主に上げられますが、その他、このフリーランスには、様々な業務があります。

フリーランスは、見方を変えると、期間労働者とか日雇労働者とも言えます。昔は、私達のような伐木業や大工さんのような建築職人も職業を限定しただけのフリーランサーなのではないでしょうか。しかし、現在は、職人のフリーランサーはほとんどおらず、伐木業に限っては全くといってよいほどいません。

とはいえ、私の師匠は、このフリーランサーに相当するのだと思います。このフリーランスは、かなり特色がないと成り立たない職業です。

このフリーランスが増えているのは、働く側と企業側の両方の背景があります。

働く側としては、自分の複数の特性を活かせることと、自分のペースやシフトで仕事が進められ、繁忙期とリラックス感を織り込んだワークスタイルを取り込めます。それ以上に1人ですから労働分配率が100％ということもあります。

一方、企業側の背景は、次のように推察されます。最近、企業の採用控えがあるようですが、それは不景気による影響だけではないと思います。

正社員を雇うとその分労務管理等の負担増になるからです。特に、最近の従業員は、労働者の権利に詳しくなっていて、それらの権利の主張が強くなって来ています。そのため、昔のように安易に人員削減などができなくなっています。

それを踏まえて、企業側は、パートタイム労働者やアルバイトのような非正規雇用労働者、正規雇用労働者の雇用を減らし、フリーランスの職業が増えてきているのだと思います。

これらは、工業や土木建築業で言うと、下請に相当するものです。

これからの時代は、このような事情から、フリーランスは増えて来ると考えています。私達のような特殊伐採作業者も、これからは伐採作業の依頼も減っていく一方なので、木材関連産業以外の他の分野でもフリーランスで活躍できるような環境をつくり上げていかなければならないと思っています。

私達のような林業業界の場合、仕事の依頼が減って来たときは、林業事業体や林業関連会社に所属して林業関係の仕事に専従する人がほとんどですが、そうしたケースでは能力の高い人は労働分配率が不均等になり、賃金が低くなることで労働への意欲が低下してしまい、宝の持ち腐れのようになってしまいます。

最近は、いったんは林業事業体等の専従者をやっていても、途中で辞めて自ら事業体を興すという人や、自伐型林業といって、自らが所有する山林の伐採や管理作業を自らが行う方も、微量ですが全国的にも増えて来ているようです。

多様化する職人

東京都目黒区の造園業の知合いは、プロのバンドマンをやりながら植木職人をやられています。

また、地元の宇都宮には、プロのヒップホップのラッパーをやりながら、土木建設業を経営し、自ら現場にも職人として出向いて活躍されている方もいます。

このように極端な異業種のフリーランスは極めて珍しいですが、これからの時代の職人は、このようなケースの異業種の副業が必要なのではないでしょうか。

伐採は休日に行った

話はまた本題に戻り、繰返しになりますが、私は、伐採の仕事は本業の仕事が休みの土曜日、日曜日、祝日やその他の休日を利用して行いました。

特殊伐採の現場は、短期で終わるので、２日間もあれば大抵終わることも幸いでした。

◎もう1つの職業とは

もう１つは人気 No. １の職業

では、もう一足の職業とは何かというと、詳しくは後でお話できる機会があればお話します。今の御時世からすると、こちらのほうが収入も安定もしていて、労働時間も定時な上、労働も軽く、なりたい職業人気 No.1 の職業なのかも知れませんが、この職業の内部事情を詳しく知っている私にとっては、恥ずかしくてとても他人には言えない職業なのです。

特に、私達の職種は、とてもルーズな人間が多いのです。もっとも、全員が全員そういう人なのではなく、中には優秀な方もいらっしゃいますので、予めご了解ください。

表面がきれいなものほど中身は汚い

私から見ると、この人達の仕事のやり方は、非情にだらしがなく、１つの仕事を必要以上の人数で行い、助合いの精神を演技して、簡単な仕事を、いかに難しそうに、いかに時間をかけて、いかにさぼって、いかに上司に知られないようにして、それでいて、上司にいかに好印象を持ってもらい、いかによい評価をいただくかがこの人達の技術なのです。もっとも、この人達には、サボっているという意識すらないのです。

仕事は、お金よりも他人に喜ばれることがやりがいにつながると言われますが、この人達が喜ばれる人間は、何の能力もなく、上司のご機嫌伺いをしながら組織のトップに成り上がらせてもらって、よいも悪いも判断できず、ただ、ご機嫌をとられながら、おべっかを使われて喜ばされているだけの「裸の王様」なのです。また、この裸の王様も、そうして今の地位を築いて来たのでしょうから。

「表面がきれいなものほど中身は汚い」と言いますが、正にこの業界こそ、最適例なのです。もうおわかりでしょう。この業界とは、ここ近年、ブラック化する官公役場関係なのです。

ストレス病

私は、この汚い職場で、42歳の本厄の年に、不合理な人事異動や職種の変更および、過去にあった職場とのトラブルと、これらによる職場とのトラブル、上司、同僚との不和等により、ストレス病を発症しました。これら一連の出来事は、いわゆるリストラ策の一環に思えます。

この経験で学び感じ取ったのは、次のようなことでした。

よい労働条件とは、過重労働や長時間労働がないとか、通勤時間が短いとかではなく、いかによい上司や同僚のスッタッフと出会えるかどうかではないでしょうか。

どんなに肉体的に辛い仕事でも、よいスタッフと巡り会えれば、苦痛を感じずに楽しく、やりがいがある仕事ができるはずなのです。

また、本書が書けたのも、このストレス病にかかったお陰かとも思ってます。

この精神疾患は、双極性障害といって、精神病でも気分障害のカテゴリーに入り、歴史上の有名人では作家の夏目漱石や宮沢賢治、太宰治などがかかっていたそうです。

私は、このような著名人、偉人達と同じ病にかかったことを誇りに思えます。

以前の私は、喋ることは苦手でしたが、この頃からか喋ることが好きになっていて、喋り出すと止まらないようになってました。

これも、この精神疾患の症状なのです。

◎自分の欠点は表に出す

ある1枚の会葬礼状

私が、このように自分の欠点である学校時代の落ちこぼれだったことや、ストレス病にかかったことを自ら表に出せるようになったのは、あるときもらった1枚の会葬礼状がきっかけでした。

この会葬礼状は、現在、私が参会している栃木商業界同友会会長の岩井正明氏のお父上の行雄さんの葬儀の際にいただいたものでした。

その1部分には、行雄さんが、妻の道子さんとのお見合いの際に、「貧乏で一銭のお金もありません」と言われ、その言葉で道子さんは、裏表がなくて実直な行雄さんの人柄に好感を持ち、添い遂げようと決めたことが記されていました。

通常ですと、こういったお見合いを始め、日常的にも欠点を隠すのは当然のこととして、自分を過大に表現する人がほとんどです。

しかし、岩井行雄さんは、あえて自分の欠点をさらけ出すことで好印象を持たれ、よい結果に結びついたのです。

このことを知り、私も、欠点は隠さずに、あえて表に出すことを決意しました。

また、これは、「自分みたいな貧乏人と結婚したら苦労しますよ」と、行雄さんから道子さんへの思いやりなのだとも思いました。

この会葬礼状は、今でも大切に保管してあります。

人間は、いつでも自分に嘘つきで、その顔つきや言葉までも嘘偽りで、自分自身を小さくしていき、自分自身を苦しめ続けるのです。

◎社会への貢献度

本業はどっち

私の職業は、従事日数、所得からすると特殊伐採業は副業になるのでしょうが、社会での必要性、貢献度、難易度、稀少性、他の面から見ても圧倒的に特殊伐採の職業のほうが優位に立っています。

現代の草鞋は性能がよい

昔の人は、二足の草鞋は履けないと言っていましたが、現代の草鞋は性能がよくなっていて、丈夫で水に濡れても腐らないのです。草鞋の底までがエアージョグになっているのかも知れません。

現在の二足の草鞋の性能が上がっているということは、二足の草鞋を履く人の履き方が上手くなっていて、二足の草鞋を履く人の性能が上がっているのです。

私は、この二足の草鞋のお陰で、時間の使い方や仕事の要領が上手くなりました。

それは、限られた時間で、どれだけの行動を興し、どれだけの成果を上げられるか、自分自身との競争でした。

また、その他の、いろいろな世間の状勢が見えて、「井の中の蛙」にならないようにすることができました。

慌てない人と要領が悪い人との違い

私は、他人から見て、慌ただしい人だとか、忙しい（せわしい）人だ等と言われることが多いのですが、これは慌てているのではなくて、時間の使い方に無駄がなくて早いのだと思ってます。慌てないのと要領が悪くて遅いのは違い、慌てて仕事が早いのと、要領がよくて仕事が早いとの違いなのです。

◎師匠と疎遠になった8年間

最後だった師匠からの誘い

私は、平成21年3月頃を最後に、師匠が亡くなるまでの8年間、師匠とは全く顔を合わせることすらなくなりました。

平成27年の8月頃、日光の二荒山神社で巨木を伐るので来ないかという誘いがありました。それは、師匠から私の家族への伝言と、私の携帯電話の着信で知りました。しかし、私はあえて行きませんでした。

他の伐採の仕事があったからですが、都合をつけられないわけでもありませんでした。しかし、あえて行きませんでした。

師匠の元に訪れなくなった理由としては、まず、私への直接の伐採の仕事の依頼が増え過ぎて、師匠の元へ訪れるどころではなくなってしまったことです。

その他、いつまでも師匠の元で厄介になっていたのでは、自分が進化しないということに気づいたからです。

◎忙しい

「忙しい」は言わない

私は、「忙しい」という言葉が嫌いなのです。忙しいという言葉が、やたらと好きで、誇らしげに思っている人も多くいるようですが……。

なぜ、忙しいという言葉が嫌いなのかというと、忙しいと自ら言う人は、仕事の能力が低くて、仕事に追われ忙しいのだと思われてしまいそうだからです。能力の低い人は、この「忙しい」と言うワードが大好きなようで、ダメ人間ほどいつも忙しいと言っています。

私の場合は、忙しい感は充実感であり、この時間はとても楽しく、誰にも言わずに、こっそり1人で楽しんでいます。

暇

職人は、「暇」と思われることや言われることをとても嫌がるのです。逆に、暇でも忙しいと言うくらいなののです。なぜなら、仕事がなくて暇だと思われると、仕事の依頼人から賃金を値切られたり、足下を見られると思っているのです。

それに、仕事がなくて暇だと思われること自体に、変なプライドに傷がつくようです。師匠もこのような傾向がありましたが、どんなに忙しくても忙しいとは言いませんでした。

暇と退屈

私は、「暇とは、仕事がないことであって、退屈とは異なります。退屈とは、何もすることがないことを言う」と定義づけています。

私にとって退屈は、一番苦痛なことで、ストレスも発生します。何もしないで、家で休んでいることは退屈で、時間の無駄遣いにしか思えません。何もしないで退屈にしていると、体がウズウズしてしまい、余計にストレスがたまってしまいます。

多くのサラリーマンの方は、休日は家で何もしないでゆっくり休むと言う人がいると思いますが、それは何もしてないというだけで、休んでいるといえないように思えます。

これでは、まるで病人やけが人（心も）と同じではないでしょうか。

忙しいが口癖の人

この忙しいというワードを頻繁に使う人は、前述したように、能力が低いのです。本当に能力の高い人は、忙しいとも言わないし、時間にも心にも余裕があるのです。

それは、やはり仕事の能力と時間の使い方が上手い上に、仕事の進行状況も読めて、スケジュール管理もしっかりしていて、スケジュールに余裕を持っていて、気持ちにも余裕があるからです。

私も、特殊伐採の仕事がなく暇なときがありますが、そのときは何か別の仕事や仕事以外の別のことをする時間だと思ってます。

その仕事以外のやることを見つけるのも能力の1つなのです。

忙しいと言う人は、時間がないのではなく、無駄な時間や行動に囚われているのです。忙しいと口に出して言う人は、一生忙しくて何もできないで、一生終わるのでしょう。

言訳も

言訳も忙しいと同様で、言訳をしている人は、言訳を正当な理由だと思っているのです。

言訳をする人は、何度も同じような失敗を繰り返して、一生同じ失敗を何度もして、一生同じ言訳を繰り返し言い続けるのでしょう。

大変や難しいも言わない

私は、「大変」や「難しい」と言うワードも嫌いです。それは、やはり能力が低い人間だと思うからです。

物を運ぶトラックに喩えると、３００kgの荷物を運ぶのに、最大積載量が３５０kgの軽トラックが運ぶのと、積載量が10トンの大型トラックが運ぶのでは、圧倒的に大型トラックが運ぶほうが楽で簡単です。

このことは、自分の能力を低く見せるばかりでなく、相手を不安にさせる場合もあります。

私達特殊伐採を行う者であれば、伐採作業の前や見積りの際に、このような「大変だ」とか「難しい」等と言うと、相手が不安になり、この人に任せられるかどうか疑わしくなり、懸念されしまうからです。

また、これとは逆に、簡単なのに、難しいと言って、駆け引きをする人もいます。

◎職人の気質

職人はエゴイスト（利己主義者）

職人はエゴであり、これがまた魅力でもあり、このことにより独自の技法を生み出す源泉ともなり、腕がよい職人ほどエゴイストなのです。

最近は少なくなりましたが、職人は、職人同士で永く付き合うことが無理な人が多いようです。

それは、エゴとエゴがぶつかり合うからです。

その他、職人同士が永く付き合えない理由には、後述しますが、「慣れ」があるのです。

私も、自我（エゴ）が強くて、他人と同じことが嫌いなのです。他人のご機嫌をお伺いしながらみんなで仲好くやりましょうなんてことも嫌いなのです。

この場でいう「仲好く」とは、顔では笑っていながら、心の中では相手を憎んでいるような状況です。

また、私は、エゴイストですから、特殊伐採といった普通の人がやらないこの道に手を染めたのだと思います。

職人はプライドが高い

職人はプライドが高いと言われがちですが、私は、プライドは高いほうがよいと思います。

プライドが高いと言われると、悪いイメージを持たれる人がほとんどだと思われますが、実は、「プライドが高い」のと「プライドだけ高い」のとは違うのです。

プライドが高くて評判を落とす人は、プライドだけが高くて、優れた能力も長所もなく、ただプライドのみが高く、誇り高い人なのです。

これは、職人に限らず、一般の人にもいえることです。

繰り返しますが、プライドだけが高い人は、自分のことがわかっていないのであって、その人は他人より自分の能力が低いことを知らずに、自分は普通の人より能力が高い人間だと思い込んでいるだけなのです。

一匹狼

現代では、組織化が進み、一匹狼と言われる人は少ないですが、昔から職人には一匹狼と言われた人が多くいて、木伐り職人にも「一匹狼」と言われる人がいます。私も、その傾向があるようです。私は、群がることが嫌いなのです、虫でも、動物でも、人間でも、たくさんごちゃごちゃいると、気持ちが悪いのです。動物が群がることは、本能のようですが、私は、言葉も話すし二本足で立って歩く人間なのです。

孤独と孤立

人間は、孤独が最大の苦痛であり、この孤独感による不安と恐怖に襲われます。この苦痛に耐えられる者こそが精神的に最も強い人間なのです。

ある本で読んだことなのですが、孤独が人を強くするそうです。そう考えれば、孤独も誇らしいものなのです。

「孤独」と似た「孤立」という言葉があります。孤立というと、仲間外れとか、誰にも相手にされない、嫌われ者と言った、無視やいじめのようなイメージがありますが、孤立している人間にしてみれば、意外と嫌なことではないのです。

自分が正しく、自信があっても、誰にもわかってもらえないので、自ら孤立の道へと走るのです。孤立している人間は、意外と、他人よりも、強く、自信がある人間なのです。

職人は頑固

職人は頑固だと思われることが多いのですが「頑固」と「意思が強い」ことは違います。

私は、他人の意見に惑わされ、左右されている人は信用がない人に感じます。

職人の場合、現場で他人の意見をいちいち聞いて段取りを変更していたら、要領も悪くなり、何と言っても危険なのです。したがって、職人は頑固でも仕方がないのです。

頑固ではない職人は、技術力も低く、自信もなく、信用も薄く、精神力も弱いのです。

それに、もっと深刻なことは、頑固でない職人はズルイ人に都合よく使われてしまうのです。

ズルイ仕事の依頼者は、1度決めた見積りや契約以外の予定外の仕事を、平気で、当たり前のように、タダでやらせます。

私は、このことを「後出し」と言っていて、後出しじゃんけんのように、ずるいことと考えています。しかし、このような人は、日常生活でも、同じようなことを平気でしているので、ズルイと言う意識がないのです。

頑固と意思が強いと言うことは、その言葉を使う人の都合で使われていて、その言葉を使う人にとって都合よい人は意思が強い人と言われ、都合の悪い人は頑固と言われるものなのです。

自信がない人の仕草

話の最後に「クスッ」と笑う人は、自分の意見や要求に自信がない人です。こういう感じの人の意見は、自信もなく本質を知らないので、キッパリと反論したほうがよいのです。反論されれば、何も言わずに笑って誤魔化して引き下がります。

お金の話は重要

金銭的なことは、言いづらいものです。なぜか、自分がケチで、がめつい人間だと思われそうで、勇気が必要なのです。

私も、お金のことは今でも言いづらいですが、けじめと勇気を持って言うようにしています。また、お金の問題は、人間関係が壊れる一番の原因です。私も、お金の問題で、ずいぶん人間関係を壊して来ました。

最初はよい人なのですが、人間は時が経つにつれて、お互いに慣れて来ると、徐々にズルくなってくるのです。最初からズルイ人もいますがね。

◎慣れ

慣れることはよくない

慣れることはよくないと言われますが、これはどういうことなのでしょうか。

「初心忘れるべからず」という言葉もありますが、これには、「物事に慣れてくると慢心してしまい、謙虚な気持ちを忘れてしまわないように」という意味が示されているのだと思います。

私達特殊伐採の者も含め危険な作業に従事する者は、慣れると気が緩み、緊張がなくなり、事故等の危険が高まることを戒める必要があると思います。

私は、それ以上に、人間関係での慣れによる気の緩みに起因するトラブルにも気をつける必要があると考えます。

お互いに、知りあった当初は、お互いを尊重し合うほどの、よい人間関係だったのに、徐々に慣れて来て、お互のことを気遣わなくなり、お互いの悪口を言い合ったり、最後は、裏切ったりとか、騙したりとかいう始末になります。

私は、最近、今挙げた「慣れ」の中で、伐採作業中の技術面の慣れよりも、人間関係の慣れに最も注意するようになり、このことが一番大切で重要であると気がつきました。

高名の木登り

私達のように高所で作業をする人は、気の緩みによる「慣れ」には特に要注意です。

鎌倉時代末期から南北朝時代にかけて活躍した、歌人の兼好法師が書いた日本三大随筆の1つとも評価されている徒然草にある「高名の木登り」という歌詞があります。

これは、木登りの名人が、他人に高い木に登らせ、高い部分にいるときは何も言わないでいて、建物の軒の高さにまで降りて来たときに「気をつけろ」と言ったという教訓です。

私は、この「高名の木登り」のことを高校の国語の授業で知りました。

なぜ、私が、大嫌いな学校の勉強のことを覚えていたのかと言うと、当時、師匠に憧れて練習に励んだ木登りのことと、落ちこぼれだった私が師匠に出合って更生され、少しは学校の勉強にも関心を持つようになった時期が重なっていたからでしょう。

師匠と県外に泊りがけで伐採の仕事に行く機会がありました。大きな仕事だったので、多くの職人さんや関係者の方々とご一緒しました。初めてお会いする方もいました。

その夜、この方々とお話する機会があり、この「高名の木登り」のような内容の話になったのです。

私は、このとき、皆様の前で、得意そうに「その話は兼好法師の徒然草の高名の木登りですね」と披露しました。その中には、そこまで詳しく知っている人はいませんでした。さすがの師匠も、「誰が言ったことかはわからないけど」と言っていました。

そのとき、この現場で初めてお会いした方の1人が、「お兄さん頭がいいね。よく知っているね」と褒めてくれたのです。

蛇足ですが、私は、このとき生まれてはじめて、「頭がいい」と言われたような気がします。

その後も、伐採現場では、極たまに、この高名の木登りのような説教をされることがありますが、そのとき私が、「兼好法師の徒然草の高名の木登りですね」と言うと、相手は急に無言になります。

こう言う人は、私の身を按じて言ってくれているのではなく、ただ、その人の少なく浅い知識を披露したいだけなのです。

慣れは自分の躾（しつけ）

新人研修会や歓迎会でも、「1日も早く慣れて頑張ってください」などとご挨拶される方がいますが、これは建前的なことであって、人間は慣れないほうがよいのです。

これは、人間関係において、誰にでもいえることなのではないでしょうか。

犬や猫も飼い慣れてくると、いたずらをしたり、生活もだらしなくなってくるので、躾が必要になります。人間は動物ではないのですから、自分のことは自分で躾ける必要があります。

覇気とわがまま

人間関係も慣れて来ると、お互いにわがままになって来ます。覇気は強い意気込みのことを言いますが、わがままとは相手の損を省みずに自分の得だけを優先させることです。

しかし、「あの人はわがままだ」と言う人に限って、わがままな場合が多くあります。わがままや覇気も、前述の頑固と同じで、その言葉を使う人の都合で使われているように思えます。

自分に都合のよい人は「覇気のある人」で、都合の悪い人は「わがままな人」なのです。このような類義語や対義語は、その言葉を使う人の都合で使い分けられている言葉なのです。

私も、頑固だとかわがままだとか、意思が強い人とか、覇気が強い人とか言われることが多いのですが、それだけ私を嫌いな人間も多くいるということでしょうが、また、私を好きな人も多くいるのだと思っているのですが……。

第４話　変わる業界

◎社会的地位

農林業の社会的地位

現在は、もう、そうでもないのですが、私が高校を卒業する頃は、林業をはじめ農林業は一般的に軽く見られていました。

ひと昔前、農林業への新規就労者は、今以上に少かったのですが、世間的にはそれほど問題として取り上げられていませんでした。

なぜ、農林業への新規就労者が少かったのかというと、主に作業の重労働の労働問題や低収入などの経済問題が挙げられますが、それ以上に社会からの差別的な見方があったと思います。

私が高校卒業時に特殊伐採の仕事に就くと言ったら、高校の先生方や両親などの周囲の人が猛反対した意味は、収入が安定しないということが主としてありました。

しかし、後で私なりに、理解したところでは、社会的に軽視されているということでした。

木こり

「木こり」というワードもそうです。現代では、愛敬があり、愛称化されている言葉になっていて、木こりの店や、木こりカフェといった、自然の中にあるのどかな雰囲気の店という、ユニークなイメージも伴っています。

とはいえ、今でも、私が木こりであり、実家が農家であると知ると、私を軽んじて見る人がいますが、そういう人は必ずといっていいほど、大した人間ではありません。自分の能力を省みずに、肩書きや、地位にばかりにこだわり、上級者の人間におべっかを使ったり、ご機嫌を伺って、何かおこぼれ物をもらおうとしている人なのです。

私は、こういう人は完全に無視します。なぜなら、こう言う人は、どうせ私には何のプラスにならないからです。

私は、自分が木こりであっても、「木こり」と言う言葉が嫌いで、抵抗を感じます。

ところで、今でも私のことを木こりと呼んでくれる方がいます。しかし、その人達は、愛敬を持って言ってくれているので、悪い気はしません。

というのも、本当に、木こりを差別的に見ている人は、そもそも私のことを木こりだなんて言わないし、相手にもしないからです。

親の職業

父親の職業は農業でしたが、私は、小学生時代から高校卒業後くらいまで、父の職業を他人に言う場合、とても抵抗がありました。

農業や林業は、社会的に差別的な見方をされていた感じがあったからです。

そういう意味も踏まえて、私が高校卒業時に林業関係の特殊伐採の仕事に従事すると言ったら、周囲の人達に猛反対されたのだと思います。

しかし、私は、師匠の木登りの姿を見て、吊し伐りを誇りに思えるようになりました。

◎改善された業界

増える従事者

あれから四半世紀以上経ちますが、時代の変化を感じます。林業も農業も新規従事者が増え、農業においては女性の業界進出も増えて来ました。

林業も新規就労者が増え、若い従事者もかなり増えたようですが、直ぐに辞めてしまう人が多いようです。

◎女性の業界進出

女性と林業

林業は、昔から女性の進出は本格的にはなされていません。それは、林業が基本的に野外の作業だけだからです。

なお、ビニールハウスなどの施設でも栽培される茸の栽培は、林業か農業なのか線引きが難しいのですが、ここでは林業ではなく農業として扱っておきます。

林業が女性に適しない理由

まずは、林業が女性に適しない理由として、基本的に体の構造から違うことがあげられます。

それは、トイレの問題です。トイレがある現場は、通常、公共事業の現場や大きな工事現場に限られます。

しかし、そうした現場での林業従事者の業務は、工作物やその工事の支障木の伐採、それらの処分片づけだけなので、林業とは言えず、また短期間で終了します。

木材生産現場や植林や下刈りといった育林作業現場の山林には、トイレはありません。仮設トイレなどを設置すればよいのですが、そのためには、その分余計な費用が発生します。この経費は、最終的には、仕事の依頼者や、山主の負担になるのです。

また、林業は、擦り傷や切り傷が多く、付き物なのです。

私も、１か月に１度くらいはかかりつけの理容室に行きますが、その度に「和氣さんはいつも顔に傷がありますね」と言われています。

その上、女性は、体力も筋力も低いので、林業には絶対的に向かないのです。

従事するとしたら、せいぜい林業事業体の事務員とか、苗畑で育成される苗木の種苗管理程度です。

林業女子

そうかと言って、私は、女性を林業から排除しているのではありません。

私が言いたいのは、女性は林業に職業として従事するのではなく、ボランティアやイベントなどへの趣味としての参加が望ましいのではないかということです。

最近は、「林業女子」と言った言葉も流行していますが、数多くの女性がこうした林業のイベントやボランティア活動に参加することによって、林業が華やかになり、活性化されるのだとと思ってます。

栃木県でも、女性２００名限定の林業シンポジウムが開催されました。応募者が何人いたのか気になるところです。このようなイベントは、大変喜ばしいことで、今後も注目です。

これらの林業女子の状況を見て、愚かな男性林業従事者は、「そんなに林業は甘くない」とか、「そんなお遊びみたいなことをやって」などと、批判する人も多いと思いますが、そんな雑音は気にせずに無視してください。林業女子は、その方達と違い、林業を楽しんでいるのです。かかわり方が違うのです。

愚かな林業従事者のように、林業でメシを喰うため、カネを稼いでいるのではないのです。

そんな偉そうなことを言っている私ですが、少なくとも、私も10年以上前までは、愚かな林業従事者でした。

◎第一次産業の女性の活躍

農業と漁業

第一次産業と言えば、林業の他に農業と漁業がありますが、農業と漁業には昔から女性の活躍の名残りがあります。

農業には、「五月女」とか「早乙女」という、５月頃に田に苗を植える女性がいました。この女性達は、田植え時期にきれいな田植着物を着て、田植唄と共に田植えをしますが、それを男達に見せて楽しませ、疲れを癒すといった風俗的な意味合いもあるようです。

３ちゃん農業

40年以上も昔のことになりますが、農家の女性化、高齢化に伴い、「３ちゃん農業」という農業従事体制がとられいて、その言葉までもが世間で流行しました。

これは、２世帯での農業専従のことで、若い旦那は会社などに勤めに出て給料を稼ぎ、その奥さんの「母ちゃん」と、先代の「爺ちゃん」「婆ちゃん」の３人で農業に従事することから、「３ちゃん農業」と言われていました。

しかし、この3ちゃん農業も、一時の時代の流れで終わってしまい、いつの間にかその言葉すら死語となって消えてしまいました。

その原因は、農業経営事情や高齢化ではなく、一時は社会現象にまでなった「嫁姑」関係の悪化ではないかと想像しています。

私は、この3ちゃん農業のことは、高校時代の授業で現代社会教科で習いました。

前述しましたが、中学生のときに師匠に出合い、高校に入れるまでに更生し、高校でやっと勉強する気になった頃の授業だったと思います。

漁業

漁業には、「海女」という、女性特有の名称の職業があります。仕事の内容は、海に潜り昆布などの海藻や牡蠣(かき)などの貝類を採る職業の女性です。

なぜ、男性よりも体力も筋力も弱い女性が危険な海に潜って漁をするのかと思いませんか。

大抵の人は、漁村は貧しいので、女性も漁に出て働き、生活費を稼ぐためではないかと思われることでしょう。

しかし、私が想像する（想像なので正解かどうかわかりませんが）には、女性は男性よりも優れた体質があり、そのことから生まれた職種ではないかと思ってます。

それは、男性よりも女性のほうが体脂肪率が高いので水に浮きやすいので、男性よりも1度に多くの海産物を持って浮かび上がれるという特殊な能力があるので、「海女」という女性特有の名詞の職種があるのではないかと思うのです。

女性の社会進出

女性は、いつの時代にも社会に貢献しています。しかし、その存在は、いつの時代も薄いものです。戦後の経済成長も、女性の社会進出が大きく影響しているはずです。

今では、女性の会社経営者や女性管理職、そして女性議員も増えて来ています。官公庁でも、女性所長や女性管理職も増えて来て、人事異動の新聞発表時には、新聞の見出しになって、世間の注目を浴びています。

これからの時代は、いかに女性を活躍させるかが、その業界の発展の課題になって来ると思います。

しかし、林業においては、まだ女性の業界進出の見込みは遠いものではないでしょうか。

◎変わりゆく木材マーケット

増える木材需要

今は、昔から比べると木材の価格が低迷していますが、それとは逆に木材の需要はかなり増えています。

木材市場に行くと、敷地に驚くほどの木材が積んであり、これがどこに行ってしまうのか、心配になるほどです。

そして、現在の日本の木材は、海外へ輸出されるようになっているのです。

しかし、未だに田舎の山師達は、「今の人は家を建てるときに木を使わないから木は安いのだ」と言っています。

背景には、この山師達は、木材を山林所有者から買い卸す際に、木の相場を下げるために「木下げ」を行うからです。

木下げは、不動産業でいえば、「地下げ」に相当します。

山師

山師とは、主に山林所有者から立木を買い、それを違う業者に転売したり、別の業者に仲介して手数料をもらってビジネスにする人で、いわば山のブローカーのような人です。

山師は、山林の土地そのものを売買したり、その昔は鉱山の権利を売買したりしたそうです。この山師達は、山林所有者を、騙したり、誤魔化したりする者が多く、私は「山師」と聞くと、かなりブラックな臭いを感じています。私に限らず、ひと昔前の同業者や関連業者は、多くの人がそう感じていると思います。

「山師は疚しい」と言われるくらいですから。

私の住む地域近辺でも、昔、この山師に騙され鉱山業者が、財産をすべて失なってしまい、その邸跡だけが残っている場所が数か所あります。

近年、林業に従事した方の中には自らを山師と呼んでいる方がいますが、私は自分のことを山師とは恥ずかしくて呼べません。

変わる木材需要のサイクル

昔は、1軒の家を建てると、１００年単位でリホームしながらも住んでいましたが、現在は30年もすると、全部取り壊して立て直すといった状況です。

現在の建物は、1軒に使う木材の量が昔から比べると激減していますが、家を建て直すサイクルは短くなっています。

また、木材は、建築材料だけでなく、花壇や野外用の長椅子やガーデニング材、配送用の梱包材や下台材にまでにも使われています。これをひと昔前の人が見たら、もったいないと怒り出すと思います。

このように、現在の木材は、用途も変わり、木材の利用年数も違うのです。そのため、需要はかなり拡大されています。

仮に、同じ1軒の家で、昔は１００年住むために現代の家よりも木材を2倍使い、現代の家は木材を半分しか使わず30年しか住まないとすると、現代の家のほうが将来的な新築のサイクルを見ると木材の消費量は現代のほうが多くなるのです。

◎減っていく木

なくなった銘木

今は、銘木と言われる立木や木材としての需要も激減してしまいました。

木は、資源だと言われます。

しかし、資源といえば、原油や石炭などの鉱産物が思い出されますが、私は、銘木は特に資源だと思っています。

仮に、３００年生の老木を1日で切って、それを製材し材木にして、建築材料として30年しか使わなかったら、２７０年の空白の時間ができてしまい、立木と木材の寿命の差が10分の１になってしまいます。

立木を切った後に植林しても、木が育つまで間に合わないのです。

普通材の場合は、60年生の立木を製材して30年使えば、立木の寿命と木材の寿命は2分の１になるのです。

そのため、大木や銘木といった高齢級の樹木は、減って行く一方なのです。

放置されている伐採跡地

現在、伐採された跡は、費用の問題で植林がされていない所が多いようです。そのため、将来的には、高齢の銘木はもちろん、用材そのものも減ってなくなってしまわないのか心配です。

伐採が制限される保安林

保安林は、日本の森林の47％を占めていて、立木の伐採には届出や許可が必要となります。この保安林は、水源の涵用や土砂の流出などの災害の防備や生活環境の保全形成等、特定の公益目的を達成するために固定資産税等の税金が免税になります。

皆伐の際には、植林することが義務づけられていますが、実際には植林されていない場所もあるようです。

現時点では、それに対する罰則や対策等が何も取られてませんが、今後、このような伐採の放置地林や保安林の伐採後の植林の対策が強化されたら、伐採できる山林が限られてしまいます。

所有者不在の山林

また、現在は、所有権が相続されていない山林や所有者が不明な山林、境界が不明な山林が多いので、伐採の実施自体が困難な場所も多く、そうしたことからも木材の供給量は減って来るのではないかと私は考えています。

幕が下りる「吊し伐り」

私達の特殊伐採は、高齢の銘木や大木といわれる木を伐採することがほとんどだったのですが、最近は、この銘木そのものも随分なくなり、需要も減り、その上、価格も低迷し、これらの伐採や特殊伐採の依頼も激減している上に、その高度な技術の必要性自体がなくなっています。

そんなこともあって、この「吊し伐り」にも、そろそろ幕が下ろされるときが来ているのではないかと、実感しているきょうこの頃です。

◎弟

弟は社長

私には3歳下の弟がいます。弟は、高校卒業後、10年間くらい地元の製造工場に勤めましたが、その後、林業業界に入りました。ちなみに、そのときは、誰も反対する人はいませんでした。

しかし、当時、私は、「なぜ、今頃、林業なんて始めるのだろう」と心配に思いました。

その後、弟は、黙々と業績を上げて、今では、自ら会社を興し、最新の高性能の林業機械を多数導入して、わずか数名の従業員ですが、雇い入れ、れっきとした社長なのです。

一方、兄である私は、未だに結婚もせず、その器量や甲斐性もなく、悠々自適な生活を送っている、まるで風来坊です。

◎弟より兄

太郎に優る次郎なし

師匠は、「元木に優る裏木なし」（元木＝立木の根元、裏木＝立木の上部のほう）や「太郎（長男）に優る二郎（次男）なし」という諺（ことわざ）をよく口にしていました。

前述の元木の話は別にしても、後の「太郎に優る二郎なし」は、どうやら間違いなのかも知れません。

というのも、弟は、35歳で結婚して1人の男の子をもうけ、実家の直ぐ近くに自らの稼ぎで土地を買いめ、住まいを建て、事務所も構え、地元でも「飛ぶ鳥を落とす勢い」だとの評判です。

そのため、周囲からの妬み嫉みや僻みのバッシングも多いのです。弟は、これらをまともに受けてしまっていて、かなり気に病んでいるようです。

妬まれるのは一流人間の権利

弟に、私は「僻まれるのは成功者になった証拠だ」と言っているのですが、どうも割り切れず、気にかかっているようです。

私も、師匠の元に弟子入りし、腕が上がるにつれて、同様に他人から僻まれていた時期がありました。それは、師匠の元で修行を始めた頃からも、そして、その後の、独立してからもでした。

私の場合は、このバッシングを心地好く、楽しく、受けていて、誇らしく思っていました。それは、「大物になった証拠だ」と実感していたからです。

私は、妬まれることは、一流の人間の権利だと思ってます。二流以下の人間には、この権利はなく、妬む権利だけが存在するのです。

こう考えれば妬みや嫉みも誇らしく思えます。

やはり太郎

この辺りは、私と弟の精神力の違いです。

この一事からすれば、やはり「太郎に優る次郎なし」は、満更嘘ではないようです。太郎は、次郎よりも人生経験が多いので、精神力は強いようです。

第5話　巣立ち

◎師匠から離れた理由

限界を感じた

私が自ら師匠から離れた理由は、３つあります。

１つ目は、自分が請ける仕事がたくさんあり、師匠の元へ訪れる時間がなくなってしまったことです。

２つ目は、このまま師匠の元にいたのでは師匠を越えられないと、自分の進化に限界を感じたことです。

将来的に、プロデューサーやマネジャー、インストラクターを目指す上でも、そして、人間的にも師匠を越えられないという限界を感じたことです。

しかし、技術的には、まだまだ学ぶべきことはたくさんありました。

師匠からライバルへ

私は、いつの頃からかは特定はできませんが、師匠との関係が師匠から目標へ、目標からライバルへと変わっていったのです。

私の母親は、師匠の奥さんから、「光伸ちゃんには、みんな仕事を取られてしまう」と言われていたこともあったそうです。

今、思い返せば、私が師匠の元に弔し伐りの修行に入った頃、近所に住む林業の先輩が言っていたことの現実化が始まっていたのでした。

第２の師匠の現れ

３つ目は、第２の師匠の出現でした。

私は、平成22年8月頃から、地元の宇都宮で毎月１回開催されている栃木県商業会同友会主催のセミナーに参加するようになりました。開催数は、もう60回を超しますが、欠席したのはわずか４回で、２番目に出席率の高い受講者かと思われます。

このセミナーの講師は、地元、宇都宮を中心に栃木県内でカメラ店を十数店舗を展開する、株式会社サトーカメラの代表取締役専務の佐藤勝人氏です。

写真プリントのマーケットがピーク時の14分の１に落ち込み、大手カメラ店や大型家電量販店が進出してくる中にあって、隆盛を続ける地域一番店の経営者です。

さらに、佐藤氏は、カメラ店の経営者でありながら、経営コンサルタントとして、全国各地で公演や経営の指導を行っている、二足の草鞋履きでもあります。

異業種から学ぶ

一見、私達職人には何の関係もないような商業関係のセミナーですが、この会は「異業種から学ぶ」をコンセプトに、毎回、いろいろな業種のいろいろな人が集まり開催されます。

佐藤氏の講話の内容は、マーケットの理論や経営学から、リアルな社会事情まで様々でした。

魂を揺さぶられた一言

この佐藤氏の講演の中で、今までの人生感が変わる一言が飛び出しました。それは、「職人は馬鹿がやるものだ」という露骨な表現でした。

職人は、物をつくることはできるが、それを売ることをはじめ、経営や人材育成などはできない人間だと言われたのです。もちろん、これは、侮辱とか軽蔑ではありません。職人は、つくること以外を学ぼうとしない、だから馬鹿であり、物をつくる作業以外できないんだと言いたかったのです。人間は、いくらでも賢くなれるんだという、受講者の可能性と大成への期待感たっぷりの一言でした。

そのときまで、特殊伐採士として、世間からお世辞にも師匠の右に出るほどの腕前になったと評価されていて慢心していた、私の魂を揺さぶられた一言でした。

新たな学び

このとき、私は、「このままでは木を伐るだけの人間で一生を終わってしまう」という危機感を深々と感じさせられました。職人としての誇りを持っていた私には、人生感が変わる出来事でした。

この会で学んだことは、今まで備わっていなかった、物事の本質を観る力、本質の追求、考える力の強化ということでした。

後に、私が執筆を志したのも、佐藤勝人氏との出合いがきっかけでした。私の中では、当時から今でも、佐藤勝人氏は第2の人生の師匠です。

このようなこともあって、いつしか、私の中から第1の師匠の存在までもが消えていました。

本書のタイトルも、第1の師匠がもう少し長生きしていたら「吊し伐り」が「地域一番店の」になっていたかも知れません。

消した「吊し伐り」

このときから、私の名刺の肩書きも、第1の師匠が使っていた「伐木安全士」から「伐木業」へと変更し、業務内容の一部にあった師匠の代名詞とも言える「吊し伐り」も「吊り伐り」と改名しました。

これは、新たな独自路線の開発への決意でした。特殊伐採の仕事だけでなく、精神や心までも独立したのです。

◎師匠の弟子

２人の弟子

私が、第1の師匠の元を離れるまでに、弟子と言われる方が私以外に2人いました。

1人は、日光市内に住む宇賀神氏です。私が、中学生卒業してすぐに師匠の元に初めてお伺いした頃には、もうずいぶん前に伐採の仕事をおやめになっていたようでした。

当時、宇賀神氏は、日光東照宮の技術職員として、師匠の元で伐採の手解きを受けていたようでして、一人前の伐採職人として独り立ちできるようにまでなったようなのですが、途中で東照宮を退職なされると同時に、伐採の仕事もやめてしまったそうです。

宇賀神氏は、師匠が独り立ちできると太鼓判を押したにもかかわらず、なぜ伐採をやめてしまったのでしょうか。東照宮を退職しても、それだけの技術があれば、伐採の仕事は続けていけたのではないでしょうか。

器用な人

私が想像するには、宇賀神氏は器用な人間なのだと思います。伐採をやめても、他にできることがあったからだと思います。

私は、宇賀神氏には1度だけお会いしたことがあります。地元宇都宮市の郊外に宇賀神氏のご親戚があり、そこのお宅の伐採を師匠が依頼されて、その伐採に同行したときでした。その際、宇賀神氏は、伐採作業には全く携わらず、伐採とは完全に無縁になってしまったのだと感じました。

私は、伐採をやめようと思ったことはもちろん、大変だと思ったこともありません、多少の痩せ我慢や強がりがあるかも知れませんが、伐採が嫌になったことは思いつきません。なぜなら、私は、不器用で、私から木のことを取ったら何も残らないからです。いわゆる「木馬鹿」なのです。

人生には無駄がないと言われますが、宇賀神氏も、伐採の経験を生かしてご活躍されていることと思います。

現役のお弟子さん

私が知る２人目のお弟子さんは、岐阜県各務ヶ原市の横山聖一氏です。

横山氏とは、私が20歳のとき、日光杉並木の枯損木を重機を使わずに伐る、従来の吊し伐り伐採を行った際に、初めてお会いしました。

横山氏は、私より10歳年上の人生の先輩です。ＪＲに勤務されていたようですが、脱サラをして農林業に従事し、その後、吊し伐りを学びに栃木まで来ておられたのです。

このときの吊し伐り伐採は、テレビの取材も入り、２人ともに、吊し伐りの若い学び手として、インタビューを受け、番組内で放送されました。

横山氏とは、平成15年の5月から7月にかけて日光2社1寺の立木に設置されている避雷針の新設、修繕工事の際に、同じ大木に登り、作業をしたこともあります。

中でも印象的だったのは、日光二荒山神社の御神木に登ったことです。この御神木は、目通り（胸高周囲）約6メートル、樹高約60メートルと表記されている巨木でした。私が今までに登った木の中では最大級の大きさです。

この太さになると、登る際に胴綱（ランヤード）を上部に跳ね上げるのは、不可能に近いのです。そこで、お互いに木の反対側に登り就いて、相手方の胴綱を上げながら昇っていきました。その結果、お互いに、楽に、木の頂上まで登ることができました。地上60メートルの景色は、まるで巨大観覧車の最上部のようでした。ここまで登ると手や体の感覚が変になるのです。

横山氏は、大変研究熱心な方でした。林業業界の有名人、特殊な技術の持ち主、最新の器械や道具の研修、全国各地で伐採事故、災害発生の現場など、全国各地を訪れ、動画や写真に収め、研究をしている勉強家なのです。

たまに栃木を訪れると、その写真や動画や研究結果、また最新の器械や道具を私や師匠に見せてくれました。

私が師匠から離れた後も、師匠の元へは全国各地から数多くのお弟子さんや研修者が訪れて来るそうですが、私は、横山氏以外は誰も知りません。

その中でも、私は、一番の恵まれた幸せ者です。なぜなら、師匠のすぐ近所に住んでいて、師匠が現役として、最も、油の乗った最高期にご指導いただけたのですから。

「吊し伐り」の名人は前の家の人

私は、今まで、自分が師匠の弟子だと自ら言ったことは、1度もありません。なぜなら、師匠は、この頃は既にテレビや新聞などのメディアで取り上げられていて、有名人になっていたからです。

「よくテレビに出る日光杉伐っている和気さんは、そちらさん（私）ですか」とか、「日光杉伐っている人は、親父（私の）さんですか」等と訪ねられることがあります。私は、その度に、「私の家の前の人です」とお答えしています。そのとき一緒にいる私のことをよく知っている人は、「あの方の弟子です」とか、「あの人は師匠です」等と、付け加えてくれています。

師匠が亡くなった後も、市内で知人に会うと、「親父さん亡くなったんだって」と言われることもありました。その方は、私が、師匠の実子だと思っているようなのです。

このようなことからも、前述したように、地元の矢板市を始め各地で、特殊伐採の「和気ブランド化」が確立されていたのだと感じました。

私は、今でも、自ら師匠の弟子だとは言いません、なぜなら、師匠の元を自ら離れた人間ですから…。

◎他人に嫌われることが好き

大物の証

前にも同じようなことを述べましたが、私は、他人に嫌われることが大好きなのです。それは、自分が大物の証だと思っているからです。他人からの妬みや僻みは、自分の力水だと思っています。

しかし、もしこのようなことで師匠から嫌われていたら、あまりにも悲しく思います。それは、あまりにも、心が狭い人間に見えるからです。

もし、師匠が私を師匠の弟子と認めていない場合は別ですが……。

人間はいつでも変われると言うが

私は、成長という言葉が嫌いです。なぜなら、成長と聞くと、体だけが大きくなって、人間の進化はせずに能力はそのままというイメージがあるからです。

人間はいつでも変われると言われますが、進化して変わると、その裏には他人の嫉妬や妬みのジェラシーによる、壊れる物や、乱れる物や、失う物があるのです。これらがない者や感じられない者は、次へのステップはないでしょう。

◎技術は盗むもの

仕事は盗んで覚えるもの

師匠の教えは、「技術は盗むものだ」というものでした。今のお弟子さん達にも、そう言っていたと思います。以前、師匠が出演したテレビ番組内でも、そうコメントしていました。

このことは、落語科や漫才師のような、話家さんの業界などでもよく言われています。

私的には、「盗み」とは、誰にも気づかれないように静かに行うものです、盗んでも秘密にしておいて、盗んだものを使うときにも、盗んだことを知られていないように、こっそり使うものなのです。盗んだことを手柄にするなどは、もっての他です。

おそらく師匠は、ここまでは考えていないと思います。

盗んだ道具

前にも述べましたが、私達の技術の1つに、スパイクを履いて木に登る技術があります。ほとんどの人は、この技術を褒め称えてくれます。同業者を含め、いろいろな人に、「この木に登る道具はどこに売っているのですか」と聞かれるときがあります。私は、本書の最初の項で述べましたが、師匠から預けてもらえず、自分でつくったために、「自分でつくりました」と答えます。

中には、私があまりにも簡単に登っている様子なので、チャレンジしようとする人もいます。

この木登りスパイクと同様の物は、インターネットの通信販売や林業機械店等で取扱いがあるようなのですが、どれを買っても上手く登れない人が多いようです。

執筆も盗んだ

私は、本書の執筆についても、誰にも教わりませんでした。では、もともと、字が嫌いな私が、どうやって本の書き方を学んだのかというと、本を読むことによってです。

本書は、もともと本が嫌いだった私が、どちらかというと、読書が苦手だったり、本自体が嫌いな方々に目線を合わせて書きました。

書籍の出版に先立っては、出版社に企画書を提出するのですが、書き方がわかりませんでした。そこで、ある出版コーディネーターのカタログにあった書籍企画書の例題です。私は、それを元に企画書を書き上げました。

「真似」と「盗み」の違い

このレベルの盗みとなると、「盗み」というより単なる「真似」になるのかとも思っています。このように真似と盗みは、紙一重で、区別が難しいところもあるのです。

私は、これらのことから、「盗み」とは、真似を極めることだとも考えています。

体に道具を合わせる

私が、いとも簡単に木に登るので、私の木登りスパイクを見て、それを真似てつくった人も数多くいます。しかし、そのほとんどの人は、登れていません。

なぜ登れないのかと訪ねられるのですが、私は、「足に合わせて道具をつくるのではなく、道具に足を合わせるのです」と返答します。

中には、昔、木製電柱に登る際に使った昇柱機で登っていたベテランの伐採業の方もいましたが、私のスパイクでは最後まで登れなかったという人や、練習では登れたが木は伐れなかったとか、息子さんに木登り練習用の柱を立ててやって練習させたが途中でやめてしまった、とか言う人もいました。

第6話　実戦と練習

◎練習と本番の違い

練習は何回やっても練習

私は、練習はいくらやっても到底実戦には及ばないと感じています。しかし、練習は、ある程度までの実戦の技術の領域には到達します。

スポーツや他の職業でも同じではないでしょうか。練習は所詮練習で、何回やっても本番でしか鍛えられない実戦力があるのです。

その実戦力とは、プレッシャーと戦う精神力です。

練習では、このプレッシャーに強くなるメンタルトレーニングができないのです。

私達のような伐採業を例にとると、林の中で樹木だけでしか生えてなくて、建物や電線等の障害物がない場所での伐採作業と、国宝級の神社仏閣の建ち並ぶ場所での伐採作業では、国宝級の建物が建ち並ぶ現場のほうが圧倒的にプレッシャーも多く、不安にも襲われます。物理的に同じような伐採作業でも、現場によって、技術力よりも、精神力を求められる場合も多くあるのです。

練習は嘘をつく?

「練習は裏切らない」とか「練習は嘘をつかない」等という言葉がありますが、これはいったいどういうことなのでしょうか。

この言葉は、多くの学校の先生が、部活動や勉強でも言っているようです。学校の先生は、中学校・高等学校ですと3年間だけしか繋がりがありません。その生徒が卒業した後は、関係がなくなるのです。極端に言えば、その後はどうでもよいのです。


私は、この「練習は嘘をつかない」と言う言葉は、あまりにも無責任なエールに思えます。努力して結果が出なくても、卒業してしまえばそれっきりなのですから。

技術的にもそうですが、特にメンタル面では実践がないと強くはなれないのです。

◎メンタルトレーニング

メンタルトレーニングの場

私が、特殊伐採士としてここまで技術的に進化できた背景には、師匠の他に、ある人の存在があります。それは、埼玉県本庄市の木材業者の大久保宏光氏です。

端的に技術面での貢献度割合でいえば、師匠が30％に対して、この大久保氏は師匠以上の50％になるのではないかと思っています。

大久保氏は、立木を買い、それを伐採して、銘木市場や製材業者等に素材（丸太）として売り渡す業者でした。そして、その立木の伐採を、師匠を初め私達に依頼していました。

大久保氏との出合い

大久保氏との出合いは、私が本格的に師匠の元に修行に入った平成8年の3月でした。当時の現場は、長野県塩尻市の小さな神社で、欅の伐採でした。

私は、この頃はまだ特殊伐採はできず、師匠の運転士と伐採の補助員でした。

大久保氏の印象

初めて合ったときの大久保氏は、声はジャミ声で、車は高級車のベンツに乗り、話し方が威勢がよく、まるでヤクザの親分のような、とても怖そうな人でした。しかし、その反面、とても気持ちのよい人でした。

この人ほどよい人はいませんが、この人ほど近寄りがたい人もいません。

私は、大久保氏のこのギャップがあるところがとても印象的で魅力的に感じました。

ギャップがある人

ギャップがある人というと、裏がある人とか、だらしながない人等、マイナスのイメージを持たれる人が多いですが、私は、ギャップがあることはよいことだと思います。ギャップがある人は、人間性に幅がある人だと思っているからです。

このギャップを適切に表面に出せる人こそ、幅がある人間として高く評価されるのだと思います。

高額な教材

大久保氏のところには、最初は、師匠と2人で行っていましたが、時が経つに連れて、私が1人で呼ばれるようになりました。私の腕が上達して来たので、1人でも特殊伐採ができるようになって来たからです。

大久保氏が買う立木は、毎回のようにとても高額な物で、幹も太く、現場の規模も大きかったのです。

【図表10　樹齢2000年とも推定される大欅】

中でも印象的だったのは、私が、大久保氏の元に訪れるようになった年の平成8年6月、新潟県の松之山町の大欅です。推定樹齢2000年、目通り9メートル、枝まで玉杢が出ていて、幹は玉杢が大きくなり過ぎて、玉同士が癒着していました。見た目は、木というよりも岩と喩えたほうがわかりやすいほどの大木で、取引価格は1億円とも言われていました。

これは、師匠が伐りました。

高額で価値が高い木材を玉切りをする際に、曲がって切ったり、伐倒の際に傷をつけたり、割ったりしてしまったら、大損害を与えることになります。それだけに、高度な技術が要求されます。特に、木材の木口を真っ直ぐに切ることが一番重要な技術として求められます。

この大久保氏の現場のお陰で、私の伐採技術はかなり上達し、そして精神力もかなり強くなり、プレッシャーにも耐えられるようになりました。

そして、よいことか悪いことかわかりませんが、気も強くなりました。

師匠の元では基礎を学びましたが、この大久保氏の元では実戦を学びました。

そのうち、また2人一緒に依頼されるようになりました。

今度は、2人同時進行で、別々の木を切ったり、1本の立木を私が先に登って伐り、根元の高価で太い部分は師匠が伐るという態勢ができました。

裏の1尺より元の1寸

木材の価値について、「裏の1尺より元の1寸」と言う言伝えがあります。これは裏(立木の上部側、末口）よりも、元（根元側）ほうが、10倍以上価値があるということなのです。

そのため、根元は極力掘り下げて伐ります。ところが、掘り下げ過ぎると、根の分かれ部分に到達してしまい、そこには土や石が入ってます。そこにチェーンソーを入れると、すぐさま刃が欠けて切れなくなってしまいます。その刃を研いでは切り研いでは切りで、1本の木を切るのにこれを何度も繰り返すこともあります。

価値が激減した銘木相場

今は、根元をここまで下げて切る必要はありません。

昔は、「根杢（ねもく）」と言って、根元は年輪が複雑に入り込んでいるので、板に製材したときに変わった杢目調になり、天井板や建具用の板材等に多く使われていました。

ところが、今では、根元は、年輪が乱れていて加工がしにくいので、廃棄されてしまう場合が多いのです。強いて言えば、根元は、割れにくいので割れ止めとして切り離さずにおかれる場合もあります。

世界最強コンビ

１本の大木を伐るに当たっては、まず、師匠が、根元の太い部分を伐るためのバーの長いチェーンソーの刃を研ぎます。その間に、私が、木に登って伐る部分の作業を終わらせます。その後、即座に師匠が、根元を伐り倒します。それと同時に、私が、次の木に登って伐る部分の伐採に取りかかるといった分散した作業態勢が確立され、とても早くて、きれいな伐採ができるようになりました。

師匠は、このときもチェーンソーの刃を研ぐ時間は惜しみませんでした。

我ながら、これが、どこにもない世界一の最強コンビだと誇りに思いました。

この頃が、師匠と私との最高期だったと思います。

◎無言の独り立ちへの忠告

東照宮の神札

私は、毎年、新年を迎えるに当たり、日光東照宮の神札を買ってました。それは、師匠を通じて、年末に注文して、正月に師匠が私のところに届けてくれるシステムになっていました。

注文書は、東照宮から郵送で届けられました。多い年には2通も自宅に届いたのですが、師匠を立てると言う意味もあって、あえて師匠を経由して東照宮に注文していたのです。

注文するお札は、最高額の三万円でした。

この手順で15年以上、毎年お札を買っていたのですが、平成24年の12月、突然、この注文書が届かなくなりました。私は、何かの手違いだと思い、例年どおり、祖母に頼んで師匠のところへ注文依頼に行ってもらいました。そのとき、師匠が祖母に「光伸ちゃんも直接東照宮に行って頼んでくればいいんだけどなあ」と言っていたそうです。決して、面倒くさいとか、悪いニュアンスではなさそうだったそうです。

師匠が亡くなった後、たまたま日光東照宮の職員だった方にお会いする機会があり、このことをお話したところ、職員も激減しているから何かの手違いじゃなかったのかなとの返答でした。

この後も、東照宮からは、お札の注文書が届くこともなく、私もお札を買うこともなくなりました。

【図表11　筆者が「登竜門」と称する矢板市北部の旧家の裏山】

今、振り返れば、このことは、師匠が私に「早く独り立ちしろ」と無言の忠告をしてくれたのではないかと思いました。

◎登竜門

初めて依頼された偉大な現場

平成11年12月、私が25歳のときに、初めて直接依頼された大きな伐採現場がありました。それまでも小さな現場はいくつか依頼されて来ましたが、これほど木も大きく、古く、面積も広く、条件も悪い場所は初めてでした。

伐採を依頼してきた家は、古くからの大きな農家で、自宅裏山の老杉を伐採し、その木材を利用して、住居を新築するとのことです。

この農家の裏山の保全伐採管理は、私の師匠の師匠である渡辺三成氏から師匠の和氣邁氏へと代々受け継いで来たものでした。それを今回は、私が依頼されるようになったのです。

それだけに、私は、この大農家の老杉の伐採管理を請け負うことは、特殊伐採の名人となるための言わば登竜門のようなものだと考え、身が引き締まる思いがありました。

同時に、いよいよそのバトンが私に渡されたのだと思い、その責任も強く感じました。

伐採する木は、樹齢250年から300年で、高さ30メートルほどで、太さは目通りで3メートルを超す物もあり、大小合わせて20本程度でした。

立地は、県道沿いで、12月から1月にかけてだったのでスキー場に向かう車が多い時期でした。裏山の中ほどには離れ部屋があり、後ろには別のお宅があり、木を斬り倒す場所が狭いため、中断切り、移動式クレーンを使っての吊し伐り、そして、師匠から伝えられた伝統の木材運搬車のウインチを使った「吊し伐り」など、手持の技術を駆使しました。

所縁の地

この伐採現場は、矢板市北部の上伊佐野地区にあり、前述した私の師匠の師匠の渡辺三成氏もこの上伊佐野地区の住人でした。

思えば、私が中学3年生のときに、初めて師匠の元に伐採のアルバイトで手伝いに来たのも、この上伊佐野の地でした。

そんなこともあり、私は、この上伊佐野地区には所縁を感じます。

◎師匠が言っていたこと

諺（ことわざ）好きの師匠

最初に、師匠は、言葉では何も教えない人だと言いましたが、伐採の技術以外のことで教わった諺や言い伝えのようなものがいくつかあります。

中でも印象的だったものを次に紹介させていただきます。

朝雨

まずは、「朝雨と女の腕捲り」です。

この意味は、朝降っている雨と女性の強い意気込みは、長続きしないと言うことです。今の世の中でこのようなことを言ったら、女性差別になってしまいますね。

師匠が、雨の日の朝、伐採現場に向かう車中で口にした言葉です。

雨が降る朝、出かける際に、憂鬱な気分をそっと振り払うかのように師匠がこっそり独り言のように言うのですが、埒もないことをと聞く耳を持たないでいると、１時間も移動するうちに不思議とその雨は止んでしまうものなのです。

それ以来、私は、雨の日の朝には強くなり、夏期の暑い時期には「雨の日は涼しくてよい」などと放言し、伐採補助員の方々には嫌な思いをさせてしまいました。

女性の腕捲りと言えば、ここ近年に、ある都道府県の知事選挙で女性候者が改革を公約に圧勝し、世間の大注目を浴びましたが、その後、勢いが弱くなってしまっています。これも、朝雨と同じような現象なのでしょうかね。

左酌

2つ目は、左酌です。

左手でお酌はするなと言うことなのです。

伐採の仕事から帰ると、時々、師匠の家でお酒をご馳走になることがありました。その際、永年、師匠の伐採の補助員を勤めて来た方に、私が左手でお酌をしたのです。すると師匠は、左手での酌は別れの杯といって、「帰れ」と言う意味になるのだ、と教えてくれました。

もちろん、それ以来、私は、左手のお酌はしないようになりました。

しかし、私は、送別会や、解散会、お別れ会等の際には、それを笑いのネタにして、お別れする方にわざと左手でお酌をしています。

3代続かない材木屋

3つ目は、「材木屋は3代続かない」です。

諸説はいろいろとありますが、以前、別の方から聞いたところでは、木で悪商を働くと罰が当たると言っていました。私は、諸説の中では、これが一番合っていると思っています。

材木業者さんに限らず、３代も続けば、１代くらいは悪商でお金儲けをする人がいて、材木屋さんの場合は、木の神様に罰を当てられるということではないでしょうか。

本書をお読みの同業者の方、関連業者の方、心当たりはありませんか。

その他、３代続かない業種としては、味噌屋、醤油、酒屋、肥料屋などだと聞いたことがありました。

オペレーター見極め

４つ目は、これは伐採作業に直接関係があることです。

私達は、伐採に移動式クレーンを使って、吊し伐り伐採を行うことがあります。吊り上げ荷重は、小さい物ですと5トンから、大きい物ですと１００トンを超す場合もあります。そのときのオペレーターの運転技術の見極め方です。

移動式クレーンは、アウトリガー（張り足）を出して状態を安定させるのですが、その設置の仕方が上手い人は、クレーンの操作も上手だと言うことです。

私は、これを聞いてからは、初めて一緒に仕事をするクレーンの運転士が来たら、まずはその運転士のクレーンの設置の仕方を観察します。そして、そのオペレーターの技量を見極め、作業に取りかかるようになりました。

移動式クレーンの免許

私も、移動式クレーンの免許を持っています。この免許は、24歳のときに取得しました。

当時、私は、アマチュアの相撲選手で、練習中に膝を怪我してしまい、伐採の仕事ができなくなっていて、その間にこの免許を取得しました。

移動式クレーンの資格は、吊り上げ荷重が5トン未満と5トン以上に別れていて、私は5トン以上の国家試験の免許のほうを持っています。しかし、私は、ペーパーオペレターで、移動式クレーンの運転操作を現場で実際に行ったことはありません。

そもそも、吊し伐りとクレーンの操作を同時にやることは、全く無理なことだからです。

では、なぜ移動式クレーンの免許を取ったのかというと、移動式クレーンで吊し伐りを行う際に、クレーンのオペレーターの立場に少しでも近づきたいためです。

また、この移動式クレーン免許は、師匠が持っていなかったからです。師匠も、いろいろな資格や免許を持っていましたが、この移動式クレーンの免許は持っていませんでした。

今、振り返れば、この頃から師匠へのライバル心を持っていたのだと思い返されました。

資格は持っていても邪魔にならない

これは、師匠が言っていたと、他の人から聞いたことです。勉強して取った資格は、どれだけ持っていても邪魔にはならないということです。

資格は、持っていても、即座に実戦に生かせるとはいえないものの、勉強して資格を取るということは「考える力」の増強かと思います。

◎初対面の人

初対面のオペレーター

技術力の低いオペレーターには、なるべく余裕があるような荷重の吊り荷を振り分け、無理や恐怖感を与えないように気を配ります。

このとき、大変だとか、難しいとかは、言わないようにしています。オペレーターが不安になってしまい、現場全体の雰囲気や空気が悪くなってしまうからです。

無事にクレーン作業が終了すると、オペレーターは、「きょうは無事に終わってよかった」とか、「以前、他の伐採業者から無理な作業をさせられて怖い目に合った」とか、「知合いのオペレーターが事故に合った」とか話し出します。オペレーターも、初めて一緒に作業する私達に、警戒心を持っているということです。

こうした経験を経て、機械を運転しているだけだと思われがちのオペレーターにも、お互いの気持ちを思いやるという気配りができるようになりました。

仮に技術力が低いオペレーターでも、それ以上のことは要求せずに、できる範囲で、やってもらうようにしています。それ以上のことを要求してもできるはずがなく、オペレーターも気分が悪くなり、動転してしまい、現場全体のペースが乱れてしまいます。

クレーン作業にかかわらず、伐採現場では、同じように、大変だとか、難しいとか、ネガティブな発言はしないようにしています。それをやると、相手も不安になり、できることもできなくなってしまうからです。

打合せはあえてしない

これは、私の場合だけかも知れませんが、基本的に、クレーンの作業以外についても、現場で作業前の打合せは極力しないようにしています。それは、細かく打合せをしても、そのとおりにはいかないからです。したがって、伐採する木の確認、大まかな作業の手順、その現場特有の要注意事項くらいにとどめています。

後は、作業の進行状況を見ながら指示をしますが、なるべくその指示も避けます。これは、もし、事前の詳細な打合せどおりにいかなくなったときに、現場が混乱してしまうからです。

それより重要なのは、補助員の方々の「考える力」の訓練なのです。

口数が多い奴ほどダメ人間

5つ目は、師匠より直接教わったことではないのですが、人の見極め方です。端的に言えば、口数が多くやたらと喋る人や、自己ＰＲが多い人には、大した人はいないということです。

これは、師匠自身を見て、わかりました。師匠は、初めてお会いする依頼者やお馴染みの人にも自分の功績や実力は絶対に語りませんでした。

ところが、伐採の依頼で方々に出向いてお会いした中には、聞いてもいないのに、自分の業績や成功事例を次々に話して来る人がいます。こう言う人は、ほぼ全員、大した人ではありませんでした。

もっとも、会社やお役所の面接試験では、こういう自己ＰＲのうまい人のほうが、よい評価を受けてしまうのです。

◎横文字

師匠の横文字

師匠について思い出すのは、妙に横文字が好きで、これをやたらと使いたがることです。これは、私にとってとても違和感がありました。何か、田舎者が 無理して都会人の振りをしているようで、聞き難かったからです。

それを反面教師にして、私は、横文字をなるべく使わないようにしています。

もちろん、言葉が和製英語化していて、日本語ではその言葉が伝わらないときや、言葉のニュアンスが横文字のほうが伝わりやすいときは、横文字を使います。

いずれにしても、わかりやすさで、どちらを使うかの判断ポイントです。

これも、師匠からの学びといえば言えるでしょう。

◎教えと学び

教えと学びの違い

皆様は、「教え」と「学び」の違いはどう伝えますか。

私は、「教え」とは、特定の人の考えや技術を受け継ぎ、それと同様の精神で物事を達成することで、「学び」とは、あらゆる人物やその行動、物や本などから、善悪にかかわらずそれらの見る方向や見方を変えて、自ら、その正解を探して、改善していくことだと考えています。

本書をお読みくださっている方々も、必ず学べることがあるかと思います。

それは、読む人、読むとき、読み方によってすべて違うのです。

では、学びのほんの1例として、縦長の円柱を想像してください。これは、立体的に見れば円柱ですが、真上から見れば円に見えます。真横から見れば長方形に見え、斜めから見れば菱形にも見えます。このように、人や物や本なども、見る人の見方で、感じ方が違い、価値や発想が違ってくるのです。

学びは、よいことにでも悪いことにでも活用できますが、真似は悪いものもよいものも、そっくりそのまま同じようにすることなのです。

「学び」とは、発想力の訓練なのです。

学校の勉強は何のためにするのか

では、学校の勉強は何のためにするのでしょう。

これも、ほとんどの人が、よい大学に入って、公務員やよい会社に就職し、安定した、よい生活を送るためと答えることでしょう。

しかし、学校の勉強ができて、テストでよい点数が取れる優秀な学生だったのに、社会人になって成功しないのはどうしてなのでしょう。

そういう人は、テストの点数を取るだけの勉強しかして来なかったのでしょう。「考える力」を身につけられなかったのだと考えます。

そこで、世の中のお子様をお持ちのご父兄の皆様や勉強嫌いの生徒さんをお抱えの先生方にお伝えしたいのですが、「勉強はなぜするのか」と聞かれたら、そのときは「考える力をつけるための訓練だ」と教えてあげてください。

テストでよい点数を取るためだとか、よい大学に入るためだとか、社会的に出て役に立たない答えは出さないようにしたほうがよいと思います。

しかし、学校の勉強も、できないよりできたほうがよいことは当然です。

問題児の大成

学校時代に問題児だった生徒が、世の中に出たら大成したという事例があります。これらはほんの1例であって、この生徒は、学校を卒業してから、誰もが見ていないところで人並み外れた努力をしたのだと思います。

◎考えること

考えてない人はいない

仕事や日常生活でも、「しっかり考えてやれ」とか、「何にも考えていない」と叱られている人がいますが、この叱られている人達も、精一杯に、考えているのです。ただ、「考える力」が弱いだけなのです。

脳の活性化

これは、読書や講演会等も、同じだと思います。これらで得た知識や成功事例を単に猿真似するのではなく、脳に刺激を与えて、脳の活性化を図ることが目的ではないでしょうか。

私は、このような形で、師匠からは数知れない学びと、無言の教えを受けて来ました。そして、人生感も変わりました。

第7話　最後の学び

◎突然の師匠の死

8年振りの再会

平成29年4月18日、師匠との8年振りの再会がありました。この日、珍しく早めに帰宅すると、母親が血相を変えて走って来て、「邁さんが亡くなった」と言いました。

直ぐ祖母のところにも確認に行くと、前日の午後に亡くなったとのことでした。

祖母に、「直ぐに仁義に行って来い」と言われ、近くの師匠のお宅にお伺いしました。

玄関でご遺族の皆様にご挨拶をした後、奥座敷へと通されました。8年間のご無沙汰には、ご家族の方々にも身が引けました。

まず、喪主のご長男と師匠の奥様にご挨拶をしました。奥様とも久し振りの再会で、以前からすると私はかなり痩せていましたから、奥様も一瞬、「あれ、光伸ちゃんだよね」と尋ねられたほどです。私は「そうです」と応えました。奥様は、「凄く痩せてしまったので、最初は誰だかわからなかった」と言いました。

かなりの、ご無沙汰感が伺えました。

祭壇の前には、死を疑うような、安らかに眠る師匠が安置されていました。とても、亡くなったとは思えない顔立ちで、呼び掛ければ、立ち上がるほどの寝顔でした。

師匠の顔に触れてみると、腐敗抑制用のドライアイスで冷えきっていて、亡くなったことを実感させられました。

冷たくなった師匠の合掌にくまれた手を握らせてもらうと、とてもしっかりした手でした。指の節が、まるで串に刺さった固くなった団子のように丸く膨れ上がっていました。

私は、「物凄い立派な手ですね。自分も他で手が凄いと褒めてもらいます」と、その場にいた奥様とご長男にお伝えしました。

事故死だったのですが、その原因は、ご遺族のお話ですと、杉の木の枝下しが終わり、降りようとした際に、８メートルほどの高さから誤って落ちたそうです。

木から降りる際、ロッククライミングで使う下降用のアイテムで降りようとしましたが、使い方を誤って落ちたのだと推測されています。

その後ドクターヘリで大学病院に搬送されたが、手遅れになってしまったそうです。

◎道具の本質

便利と楽

最近は、林業でもツリークライミングやロッククライミングのアイテムを使って伐採作業を行うケースが多くなっています。特に、立木の登り降りに用いられるアイテムは数多くあります。

新しいものを取り入れることは、大変よいことでしょう。しかし、これらのアイテムが存在する本来の目的であり、道具の本質があります。したがって、これらの新しいアイテムを使うことが便利なのと、楽なのと、作業時間が短縮されることは、それぞれ異なることなのです。

これは、師匠の元を離れてから、自ら学んだ物事の本質の追求です。

アイテムと道具

ロッククライミングやツリークライミングのこれらのアイテムは、それらを使い岩山や大木に登り降りするのが目的があることは当然なのですが、それ以上に、これらのアイテムの多くの機能や繊細な機能を楽しむとともに、ファッション性やデザイン性を楽しむアイテムであり、それらは時間短縮や労力の軽減化の利便性とはかけ離れたことなのです。

simple　is best

これらのアイテムを特殊伐採の道具として使用した場合どうでしょう。

まず、果して、このような多くの性能や繊細な機能が必要なのでしょうか。

例を上げると、木材を玉切る際に、この断面が通常のチェーンソーで切った以上に、まるで大工さんが仕上げ鉋をかけたかのようにピカピカに仕上げる必要があるかどうかです。

チェーンソーで丸太を切る場合、木材が決まった長さで真っ直ぐに切り離されていればよいのであって、丸太の切り口に鉋をかけたほどに丁寧に仕上げる必要はないのです。

アイテムや道具も、機能が多くなれば、部品も増え、このアイテム自体の体積も大きくなり、重量も増えます。機能が繊細になれば、操作も複雑になり、故障も多くなります。

また、これらを現場まで持ち込む労力や、これらを準備、後片づけする労力も必要になります。

これらを考慮すると、これらのアイテムを道具として使った場合に、利便性や時間短縮といった実用性はよくなるのでしょうか。

simple is best（シンプル イズ ベスト）という外国語がありますが、これはこのことについても該当するのではないでしょうか。単純が一番よいのです。

近年、林業業界も機械化が進み、立木の伐倒から、枝払いから、玉切りまで、すべて機械で一貫作業で行われるようになりましたが、これらの機械を現場まで持ち込んで可動させるには、かなりの労力とコストがかかるのです。したがって、小さな現場や、条件の悪い現場では、手作業のほうが効率がよくなってしまうのです。こうなると、最新の高性能機械も、生産量を上げるのではなく、ただ楽をするためだけに使うようになってしまいます。

私も、木から降りるときに、エイト（８）環という物を使うときがあります。これは、至って操作が簡単で、シンプルなアイテムです。しかし、よほど太い木や、よほど高い木でもないとも使いません。

まず、このアイテムを使うときは、降りる高さの2倍の長さのロープが必要です。そのロープを持ち運びしたり、折り畳んだりに余計な労力と時間がかかるほか、このアイテムを使って降りる際にロープに「寄り」がたまっていて、それによりロープが絡まり、降りられなくなるトラブルが発生することがあります。

単に、そのアイテムの機能を使うだけなら便利だったり早いかも知れませんが、そのアイテムを使うことによって、その前後に余計な時間や労力が必要になるほか、そのアイテムの不調や故障や誤作動といったリスクを考慮した上で、これらのアイテムを使う必要があります。

このように、最新のアイテムの実用性や利便性というものは、それぞれ別物なのです。

師匠の木登りに憧れた頃の木

今回、師匠が事故にあった、このような小さな立木の枝切りは、私が、中学生の頃に、師匠の木登りに憧れて自宅の裏山で練習で登って、枝切りをした程度の木です。

私の想像ですと、師匠も77歳にもなると、体力の衰退が著しく、われわれにとってはたった8メートルの高さから、自力で降りることさえもきつかったのではないかとも想像します。

◎失った目標

もう1度師匠の元へ

この日は、たくさんの人が亡くなった師匠の仁義に訪れていて、とても慌ただしかったので、いったんは帰宅しました。

しかし、家に帰って寝ようとしても、気が動転してしまい、どうにも眠れませんでした。そこで、深夜10時過ぎに、もう1度、ドライアイスで冷たくなった師匠の元へ向かいました。

師匠のお宅を訪れると、お客様は帰ってしまっていて、ごく少数のご遺族しかいませんでした。「こんばんは、どうにも眠れないので、もう1度、師匠に会うわせてください」と声をかけました。

師匠の奥様は、お疲れになって、もうお休みになられたようで、お会いできませんでした。

ご長男に、再び、師匠の元に案内され、しばらく、同座していただきました。そのときに、「師匠は、私の師匠であり、目標であり、ライバルでもありました。これからは、何を目標にしていいのかわからなく、気が抜けてしまっています」と伝へ、合わせて、「師匠は、言葉では何も教えない人でした。言葉で教えられたのはただ1つ、『チェーンソーの刃は、いつも切れるようにしておけ。刃物を見れば職人の腕がわかる』だけでした」と言い、「これは、私に考える力をつけてくれました」と合わせてお伝えしました。

ご長男は、中学校の教諭を務めていて、生徒達にもこのように「考える力」をつける教育をしてあげてくださいとお願いしました。

スパイクの秪

最後に、師匠の足を触らせてもらいました。そのとき、木に登る際、履いているスパイクで足の土踏まずにできていた自慢の当たり胝が消えているのに気がつきました。それにより、77歳という高齢に伴う体力の衰えのせいか、木に登ることにかなり無理があって、かなり激減していたのだと感じました。

それでも、師匠は、絶対に、辛いことは表面には出さなかったのだと思いました。

その日2度目の師匠の元への弔問でしたが、このとき初めて涙しました。8年前、私の祖父が亡くなったとき以来の涙でした。

私の父はまだ健在ですが、もし、父が亡くなったら同じような気持ちになるのではないかと思いました。

◎無理と頑張り

無理とは

無理というと、どんなことがあるのでしょうか。

主に、身体的や体力的なものや、技術的、経済的な無理が上げられると思います。それ以前に、面倒くさくてできないという感情的な無理もあります。

最初に身体的な無理について考えてみたいと思います。

疲れているのに仕事をすること、休憩を取らずに仕事をし続けること、体力以上の力を出して仕事をすることなどの体力的な無理は、どんどんしたほうがよいと思います。

ただし、このときは疲れていますから、、集中力や注意深さが浅くなるので、その点は要注意です。

アスリートたちは、練習や試合で力を出し切って、自分を追い込んで強くなっていくのです。

無理をすると体の使い方が上手くなる

また、体力的に無理をすると、体の使い方が上手くなるのでする。

マラソン選手のランニング、野球選手のバッターの素振りがそれを証明しています。

これらの選手が数知れない距離を走ったり、野球のバッターが素振りをすることによって、他の無駄な力を使わずに、楽に走ったり、バットが振れるようになるのです。

では、普段、運動をしない人が、このようなトレーニングを急にしたらどうなるでしょうか。大抵の人は、体を壊すか、できないでしょう。

しかし、基礎体力ができている人は、平気なのです。また、慣れてしまえば平気なのです。

基礎体力と同様、基礎学力も同じなのです。

私のように学校時代に勉強をしなかった人は、基礎学力が低いのです。したがって、私が、このように本を書くことは、大変苦労することなのです。

学ぶ力は、年齢が高くなっても向上するものだと実感しています。なぜなら、学校時代に、勉強が大嫌いで、低学力で、文字が嫌いだった私が、40歳を過ぎてから自らの脳と腕でこうやって本を執筆したのですから…。

しかし、学ぶ力は、使わないと体力以上に衰えるのが早いのです。

まだ、高齢者にも達していないにもかかわらず、ボケにより頭が悪くなってきたなどと口にする人が多くいますが、これは、老化によるボケではなく、脳を使わないことによる「考える力」の衰退なのです。

また、視力も同様で、高齢になると視力が低下すると言われますが、ほとんどの人は視力を使わなくなったことによる視力の衰退ではないでしょうか。

私も、40歳に入ってから視力の低下を感じるようになりました。しかし、本を良く読むようになったほか、本書の執筆により、目がよく見えるようになったような気がします。

若いうちの苦労は買ってでもしろ

体力的な無理をしてきた人は、それが慣れによって習慣化していて、高齢になって衰えても、体力に余録があるので、衰え切るまでには時間がかなりあるのです。もちろん、体力やスピードこそは落ちますが、テクニックやコツを掴んでいるので、最小限の体力しか使わずに、仕事ができるのです。こういう人が、ベテランと言う領域に入るのではないでしょうか。

歳を取ったことを理由に仕事ができないと言ってる人は、若い時期に仕事をやりつけなかった人なのであり、仕事が体に染みついていないのです。そういう人は、お金のためだけに仕事をしていて、お金をもらうために時間だけを消化してきただけの、惰性だけで仕事をしてきた人なのです。

「若いうちの苦労は買ってでもしろ」と言いわれますが、これは、気苦労も含め、若いうちの苦労や大変な経験は、一生涯の基準となって、一生役に立つのです。

このことは、中年期や高齢期になっても同じで、40代までの無理は体力の増強になり、衰えのための貯金のようなものです。50代での無理は現状の維持で、高齢期に入ってからの無理は衰えの進行の速度の低下であり、能力の高い人間には、常に無理はつき物なのです。

この体力面での無理は、絶対に必要なもので、これができない人は、いつになっても凡人で、老化による衰えも早いのです。

こういったことからも、「努力」と「無理」は、同じものなのでは、ないでしょうか。

「無理はするな」とか「努力はしろ」などと、どちらが、本当なのでしょうか。

また、私は「がんばれ」とか、「無理するな」と言うことは、他人の勝手な無責任のエールに聴こえます。

権力と威力

このように人間が個別に持つ特性や個性の違う能力は、使えば使うほどその力は高くなるのですが、それに対して、組織などから成り立つ、その個人が持つ力ではない権力や何の行動力もない威力や威張はどうでしょう。

これらは使えば使うほど、効力が弱くなってしまい、やがて無力となり、崩壊してしまうのです。会社や組織などでもそうですが、能力もなく、ただ権力を使って威張る上司は、やがて滅びるのです。

この背景には、威張られる側が、威張る側の威力に慣れて強くなってしまい、その上、その人の能力の低さまでも見極められてしまい、驚かなくなってしまうのです。

体のメンテナンス

師匠は、マッサージは欠かさずにかかっていたそうです。多いときには週に2～3回はかかっていて、体を解していたそうです。これも、師匠が77歳まで現役でいられた原因であるとも思います。私は、腰や膝・肩などや筋肉に違和感や痛みを感じたら、自分でストレッチ運動をしています。ストレッチ運動は、マッサージとは違って、即効性は低いのですが必ず効きます。

機械や道具もメンテナンスが必要ですが、体もメンテナンスが必要なのです。また、これらのメンテナンスも、自分ですることが望ましいのです。

体に痛みを感じると、多く人達は無理をしないで休むことが多いようです。しかし、体の部位をぶつけたり、関節を捻ったりして炎症を起こしている場合は、その部位を動かさずに休ませておく必要があるのですが、疲労により痛みが生じている場合は、その部位の筋肉が固まってしまっていて痛みが生じているので、その筋肉を解す必要があるのです。そのために、マッサージやストレッチ運動は必要なのです。

私は、その中でもストレッチ運動をおすすめします。ストレッチ運動は、マッサージと違って、自分１人で空いている時間に簡単にできて、効果も高く、その上、無料なのですから…。

◎無理について

技術的な無理

次に、技術的な無理があります。人間の技術は、毎日、いつでも、安定して、一定しているわけではありません。

その日、その時で、同じような条件でも失敗する場合もあります。その許容範囲を予測しておくことも必要です。

私達のような特殊伐採でも、同じ条件でも、前回は上手く行ったが、今回は上手く行かなかったといったことがあります。

これは、人間の感覚の誤差なのです。この自分の誤差をわかっているかどうかも、職人の技量でもあり、これがわからないと大失敗のもとになります。

なお、あまり誤差を多く読み過ぎると、無駄も多くなり、要領の悪い職人ということになり、頼りにならない職人として見られてしまい、競争相手にも負けてしまうのです。

師匠と私の無理

師匠は、常に、技術面での無理はしていました。上手く行くか失敗するかのせとぎわでやっていました。しかし、いつも無事故でした。これが、師匠の技術に磨きをかけた要因でもあるのでしょう。

一方で、師匠は、肉体的な無理はしませんでした。これも、77歳まで現役を続けられた理由の1つではないでしょうか。

私の無理は、師匠の逆で、肉体的な無理はかなりします。

師匠は、私に、「無理はするな」といつも言っていました。ところが、師匠は、私のことを、「奴は体を惜しまない」と高く評価していてくれていたそうです。

私の体力面の無理は、その日の体力の120%は使いました。それは、「若いうちの苦労は買ってでもしろ」と前述しましたが、将来的に必ず来る衰えの始まりの体力の容量のボーダーラインのアップと、その体力の貯金のようなものなのです。

私は、技術的な面での無理はしませんでした。そのときのコンディションの80%の条件で行いました。この自分の感の狂いの誤差を読んで、中段伐りや、吊し伐りを行って、条件をよくして、失敗の確率を低くしてから、最終的な伐倒に入ることもあります。このことから、私は、ある反面、臆病なのかも知れません。

それを、理解のない依頼人や無責任な人は、簡単にできるように言う人がいます。もし、そちらが言うようにやって、失敗した場合は、こちらは一切責任はとりませんのでそちらの責任でお願いしますと言うと、強引で無茶なことを言う人に限って、弱気になりあっさり引き下がってしまいます。それでもよいと言う人は全くいません。

経済的な無理

経済的な無理もあります。これは、時間的なものも含まれます。これが、一番の事故のもとで、絶対に避けるべきことだと思います。

価格競争のために、低価格で仕事を請け負ってしまって、それにより、十分な人員や時間や、作業機械等を費やすことができず、急ぎ、慌てて、作業の手順の行程を飛ばしてしまい、精神的にも落ち着かず、事故が起こるのです。

事故が起こる原因の第1は経済的原因、第2は面倒とか、体力的な苦痛で、第3に慣れによる油断や不注意が上げられると思います。

◎師匠の講習会

できないこと

以前、師匠が担当した栃木県の林業関係団体が主催する特殊伐採の講習会がありました。無論、私は、この講習会には参加しませんでした。それに、この講習会があること自体を知りませんでした。

師匠は、この講習会の受講者達に、「できないと言っていたら、いつになってもできない」と言っていたそうです。このことは、師匠が亡くなった後、その講習会を受講した人に聞きました。

私が想像するに、この言葉は、師匠が偉人と讃えているある日本の大手家電メーカの創業者の言葉だと思われます。師匠は、この偉人から盗んだ（真似）のだと、私は思います。

確かに、この言は、間違ってはいないのですが、これは面倒くさいとか、できるのにやらないなどといった感情的にできない場合のみ当てはまるものです。

技術的なできないは、他に危害を加えたり、自ら危険に会う場合もあるので、絶対にしてはいけません。

経済的な無理でも、安全衛生上には無理はしてはいけません。

この受講者達は、この無理の違いをわかった上で理解しているのかどうかが心配です。

講師である師匠も、このことを理解させられたかどうかは疑問です。

これらのことから、無理と頑張る境界線は、永遠に分別化することは無理のようです。

◎講師としての師匠

言葉で教える木伐り

私が師匠の元を離れてから数年が経った頃、師匠は、栃木県の林業関係の業界団体が主催する特殊伐採の研修会等の講師を務めるようになりました。このことは、地元の新聞や木材業共同組合の募集要項等で知りました。

もちろん、私は、この会には参加しませんでした。その師匠は、昔とは違ってしまい、教育方法が真逆になり、「教えない教育」ではなくなっていたのでした。

私の講師活動

私も、平成26年頃から、カテゴリーは狭いのですが、講師を務める機会がありました。

今度は、師匠と伝え手としての競争です。

それは、私が参加しているNPO法人が認定する、森林に関する資格の養成講座やセミナーでした。

参加者は、毎回十数名程度でしたが、初めて講師を務めたときは、参加者が50名を超え、このときの様子は地元の新聞にも取り上げられました。

【図表12　森林管理士養成講座の講師を務める筆者】

そして、いつか師匠のように、重要で規模の大きい講習会の講師を務められることを目標にしていました。

このように、師匠は、いつでも私の目の上にいて、目標でした。

◎師匠の出版

変化した教育法

そんな中、師匠が、1冊の本を出版しました。平成27年10月30日の発刊でした。

私は、これも地元の新聞で知りました。タイトルは「空師・和氣邁が語る特殊伐採の技と心」で、師匠のこれまでの伐採現場の様子や伐採方法、伐採人生とその心を書かれたもののようです。

私が受けて来た「教えない教育」とは、真逆のものでした。

【図表13　師匠・和氣邁氏の著作物】

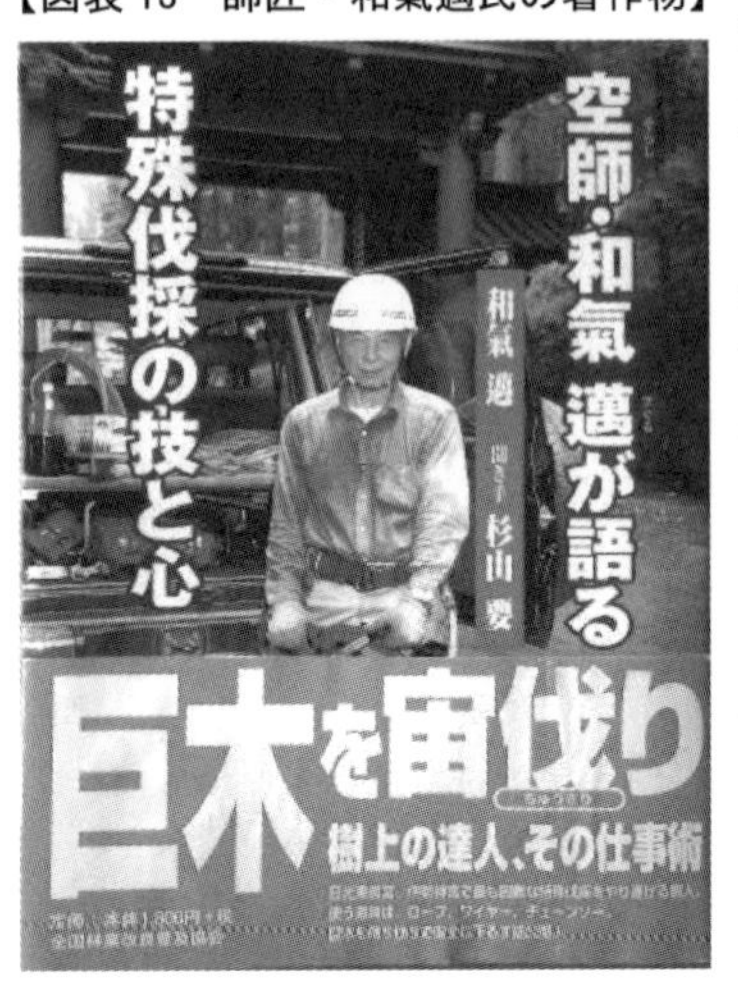

（全国林業改良普及協会　刊）

私は、師匠の出版について、先を越されたという気持ちとともに、変わってしまった師匠の教育方法に驚きました。

確かに、現代では、従来のような「教えない教育」は流行らないのでしょう。

しかし、私は、この「教えない教育」を推奨します。

師匠の、この本を読んで、何人の本物の空師が誕生するのかが注目です。

師匠の本は読まない

私は、当然、この本を買って、読んだと思われるでしょうが、購入はもちろん、読みもしませんでした。ちなみに、私は、年間10冊以上の本は読んでいますが、この師匠の本は今後も読むことはないと思います。

前述しましたが、やはり私はエゴで頑固なのでしょう。

私は、知人から、「和氣邁さんの本読みましたか」と聞かれましたが、「読んでません」と応えるだけでした。知人達は、同時に、この本の内容や感想を述べてくれるのですが、私は、「そうなんですか」と軽く聞き流すだけでした。

知人達は、この反応に接して、不思議そうにしていました。

しかし、私は、ついにこの本を買う日が来ました。それは、師匠が亡くなった1週間後くらいでした。しかも、この本は、ビジネス出版でなく通常の書店では買えなかったため、取り扱っている栃木県林業振興協会にわざわざ直接出向いて入手しました。

◎本と教科書

商業出版（ビジネス出版）

私が目標とする本は、「ビジネス出版（商業出版）」であり、師匠とは違って全国の書店で取り扱うもので、本の位が高いのです。これをクリアしないと、この段階で師匠の上には行けないのです。

私の目指すビジネス出版と師匠が出した協会出版（仮称）〈全国林業普及協会〉では、そもそも趣旨が違うのです。

ビジネス出版は、本を売りビジネスとすることが第1の目的です。しかし、協会出版は、本を売ることが第1の目的ではなく、その書物で業界の知識や技術を教えることが目標で、その業界の教科書のような物なのです。

この段階では、どっちの本が上だとか、どっちの本が下だとかは言い切れません。しかし、協会出版の場合、カスタマーのテリトリーが狭くなり、読者が限られてしまい、少なくなってしまうのです。

もっと細かくいえば、和氣邁さんのことが書かれている1冊の本と、和氣光伸が書いた1冊の本との違いなのです。

日光東照宮の御用職

師匠は、41歳のとき、日光東照宮の伐採専任従事者として、日光東照宮の御用職になったそうですが、それから比べると、私は現在44歳とかなり出遅れています。

今、日本で一番人気の女性ユニットの曲には、人生も紙飛行機と同じく、「どこまで飛んだか」ではなく、「どう飛んだか」が大切であるという歌詞が入っていますが、やはり、私の人生と師匠の人生も、同じく、何歳で何をしたのではなく、何歳までどう生きたが肝心なのです。

話は元に戻りますが、師匠の本の注文に栃木県林業普及協会を訪ね、その担当者に「和氣邁さんの本を買いたいのですが」と尋ねると、「今回は、もったいないことになってしまいましたね」と師匠が亡くなったことをご存知でした。

しかし、協会の担当の方は、師匠と私の間柄は存じないようでした。

なお、そのときは、協会に在庫がなかったために、自宅に郵送してもらいました。

残っていた私の存在

私が所有する山林の一部が崩れて、砂防工事の予定地域になっていました。

あるとき、栃木県の環境林森事務所の砂防工事の担当の方と電話で打合せする機会があり、その折に、「今回、和氣邁さんが亡くなられて大変でしたね。和氣さんも特殊伐採の仕事をなされているようなので、十分に気をつけてください」と言われました。

私は、さすがに師匠は有名人だったのだと感じさせられたとともに、自分の存在がまだ師匠と繋がっていたことに嬉しくなりました。

その後、師匠の本は自宅に届きましたが、封筒を開けて本を取り出したのは、到着後２か月後くらいでした。私が本書を書く上で、師匠の本のタイトルや発刊日が知りたかったからで、内容は読んでいません。

◎過去にも危機はあった

私も師匠も、あわや命を落としそうになったことがありました。知る範囲では、どちらも1度ずつです。

私の危機

まずは、私の危険だった出来事をお話させてもらいます。

このときは、師匠も同行していました。神奈川県鎌倉市内のあるお寺の墓地の中に1本だけある胸高直径70センチ、高さ20メートルほどの杉の伐採現場でした。

この木は、お墓に囲まれていて、中段伐りや、吊し伐りでの伐採も不可能なので、「共吊り」という、特殊伐採でも最も危険で、難易度の高い伐採方法を用いました。

共吊りとは、中段伐りの応用なのですが、樹木の幹を切り離したときに、その幹が直接地上に落下しないように、切り口から上部の直ぐ近くをワイヤーで縛り、切り口の直ぐ下側に支点になる滑車をワイヤーロープで巻きつけてかけ、その滑車に通したワイヤーロープを地上へと下ろし、そのワイヤーロープを固定して、切り離した幹が地上に直接落ちずに、その支点になる滑車に吊り止まって、その吊り止まった幹を地上へと吊り下ろすというような伐採方法です。

この共吊りは、木材が切り離されて立木に吊り止まる瞬間に物凄い荷重（衝撃荷重）がかかり、極度に揺れるため、木に登り続けていることが大変危険な伐採方法なのです。

実際、この吊り止まった支点の衝撃荷重がかかった滑車が、命綱に当たり、命綱（ランヤード）が切れたのです。

師匠も私も、命綱は、安全を考慮して念のため、２本使って作業をしています。

それもあって、そのときは幸運にも切れた命綱は1本だけでした。命綱が切れたときは、切れたことがわからないほどでした。

吊り止められた木材が、地上に下ろされ、次の切り口部まで降りようとしたら、命綱が切れていることに気づいたのです。

切れた命綱の切り口は、カッターナイフで切ったようにきれいに切れてました。

幹が切り離され、幹が吊り止まった衝撃で、滑車が命綱に当たり切れたのです。

もしもこのとき、命綱を1本だけしかかけていなかったとしたら、即座に落下していたことでしょう。

また、命綱の切れた部分がもう1本の命綱と重なり合っていたら、２本とも切れてしまったと予想しています。

その後、共吊りをする場合は、面倒でも地上までいったん降りるか、安全な位置まで降りるようにしています。

その夜は、一命を取り止めた恐怖感で眠れず、２～3時間の仮眠しかできませんでした。

師匠の危機

これは、師匠が59歳のとき、隣町で、砂防工事の支障木を50トンの移動式クレーンで吊し伐り伐採をしていたときでした。

そのとき、私は、現地にはいませんでした。

太さは胸高直径50センチ、高さ25メートルくらいの比較的低い木でした。その木は、伐った後に吊り下ろす場所がないので、2回に分けて中段伐りをしていたそうです。

移動式クレーンで2回に分けて吊し伐りをするのですが、1回目に上部を伐る際、地上12メートルの高さでいったん伐るのです。その際、伐る位置のさらに上部に、吊りワイヤーをつけ、それをクレーンの吊りフックにかけ、下部に降りて来ます。

幹には、枝がたくさんついているので、その枝を越しながら2本の命綱を交互に使い、降りて来るのです。伐る箇所の近くまで降りて来たときに、2本の命綱を誤ってどちらも外してしまったようで、12メートルの高さから落下してしまったそうなのです。

落ちた場所は、急傾斜地だったため、地上に落ちた際、体が滑り落ちて衝撃も軽減され、さらに下側に滑り落ちた際にも榊の木に引っかかって止まったそうです。

榊の木といえば、神様にお供えする木で、師匠は日光東照宮を初め、各地の神社を参拝し伐採をしていたので、神様に救われたのだと、皆様が言っていました。

師匠は、救急車で町内の病院に運ばれて、入院しました。

その日の夕方、祖母から携帯電話が入りました。嫌な予感がしました。祖母は、「邁さんが木から落ちて隣町の病院に救急車で運ばれた」と言うのです。師匠は、私と話がしたいとのことでした。私は、一瞬、頭の中が真っ白になりましたが、直ぐに平常心に戻り、隣町の病院に入院している師匠の元へ向かいました。

病室に入ると、師匠のご家族とご親戚がいました。師匠は、ベッドの上で起きていて、顔の目の辺りが紫色の痣(あざ)になっていました。

私を見ると、師匠は、「落っこっちゃったよ」と苦笑いしながら言いました。私は、ほっとしました。もう木伐りができないいないような大惨事になっているのかもしれないと心配しながら病院に駆けつけたからです。

師匠は、３日後に退院し、その後2日間ほど、私が、その現場に行き、伐採作業を続けました。その間師匠は、休まず現場に来ていました。

師匠は、木から落ちた際に右肩を強打したため、痛くてしばらくの間チェーンソーのスターターロープが引けなかったそうです。しかし、その間も、伐採の仕事は続けたということを、かなり後に師匠から直接聞きました。

では、チェーンソーのエンジンをどうやってかけたかというと、右手にスターターロープのグリップを持ち、左手でチェーンソーを持ち、チェーンソーを下げ下ろしてスターターロープを引いてかけたそうです。

師匠は、私が2日ほどこの現場を代役で勤めた後に復帰しました。

◎道具の不良

切れていた安全帯

師匠が亡くなる10日くらい前、私も、道具不良によりあわやという思いをしたことがありました。それは、安全帯と命綱（ランヤード）を繋いでいる金具の縫いつけ部分が擦り切れていて、金具が安全帯から外れていたのですが、ベルト内をスライドしながらもベルト通しのところで止まっていて、安全帯からかろうじて離れてはいなかったので、道具の不良がわからなかったのです。

このベルト通しも少し切れかかっていたので、金具は安全帯の縫いつけ部から外れてしばらく時間が経っていたのだと思われます。その日は、この安全帯を使い続けました。今思えば、この出来事は、師匠の事故の予兆ではなかったのかとも思っています。

◎師匠からの最後の学び

気づかされたこと

師匠の逝去で気づかされたことが、大きく2つありました。

人聞きが悪いかも知れませが、師匠からの最後の無言の教えと、自らの学びである「教えない教育」なのかも知れません。

まず１つ目は、今まで数知れない恩を受けてきた師匠に、８年間もご無沙汰し、その存在すら忘れてしまっている、心が冷えきってしまっている自分が、今ここにいるということに気づかされました。

２つ目は、命の懸け方です。私達特殊伐採業は、地上から離れ、高いところで作業をすることが多いので、「命懸けのお仕事ですね」と言われることが多いのです。しかし、私は、臆病なため、命を懸けてまで特殊伐採の仕事はできません。

今、本書をお手に取っていただいてる方、そして世の中にはたくさんの職業の方々がおられると思います。同業者の方から、会社の経営者、サラリーマンの方、お役所勤めの公務員の方、学校の先生まで、いろいろな数多くの職業、業種の方がおられると思います。

その人達の中には、仕事に命を懸けている方もいると思います。しかし、この場合の「命を懸ける」のとは意味が違い、仕事に自らの魂や人生を捧げるという意味での「命を懸ける」という場合があります。

現代では、過重労働や長時間勤務により死亡する方や、これらのストレスにより自ら命を絶つ方も多くいるようです。これも命を懸けての仕事だと思います。

命を懸ける

また、危険度が高く、万が一、事故が起こった場合、死亡事故に繋がってしまう可能性が高い場合の「命懸け」という場合があります。まさにその中には命を「賭け」てしまう人もいるのです。

これは、技術や知識もなく、単なる成行きや勢いだけで、読みが不十分なため結果も予測できず、無謀に危険な方向に進入して、命の危機に直面してしまう人もいます。これは、一か八かの「賭け」です。

私が、この話の初めの頃に、「私は臆病で命は懸けられない」と言いましたが、私が命を懸けられないと言う意味は「命を賭け」のほうなのです。

私達のような特殊伐採の従事者には、命を「賭けて」しまう人が多いようです。また、特殊伐採に限らず、危険度が高い仕事をしている人達も、命を賭けてしまっている人がいる気がします。

そういう人に限って、「俺は命を賭けているんだ」と得意気に言います。

このことは、最後の師匠からの「教えない教育」なのか、私の自らの「学び」なのか、もしくは両方なのかは言い切ることはできません。

要は、命のかけ方を間違えるなということなのです。

強いて言えば、これは、師匠からの命を懸けた、最後の「教えない教育」に思えてなりません。

◎師匠の後継ぎ

消えた私の存在

後日、師匠の本を軽くペラペラと捲って見たら、最後に索引のページがあり、その一部分に「横山聖一さん」と書かれていました。

横山聖一氏といえば、昔、師匠の元で、日光の二社一寺の立木への避雷針工事のときに一緒に大木に登って作業をした、岐阜県各務原市の方です。

私は、自分の名前もあるかどうか何度も探しましたが、やはりどこにも載っていませんでした。

私は、少し寂しくなりましたが、当然と言えば当然なのです。なぜなら私は、師匠の元を自ら離れた人間なのですから…。

それより、私は、横山氏とは違い、師匠から吊し伐りを学んのではなく、人生を学んだのです。

知名度が上がり続ける師匠

話は、また元に戻りますが、その後も師匠は、テレビ番組への出演、林業業界の講師、関連団体のカレンダーの表紙になるなど、有名になる一方でした。

以前もお話しましたが、これらのことで、私と師匠の間柄を知らない方から詳しく尋ねられる機会も増えました。その度に私は、「あの方は私の家の前の人です」とお答えしています。

師匠の弟子だということは、あえて伏せておきました。

師匠の後継ぎの噂

師匠が亡くなった後、風の噂で、「和氣邁さんの後ろの家に弟子がいて、今度はその人が後を継ぐそうだね」と耳にしました。私の存在も、多少は世間には残っているのだと実感し、少し嬉しくなりました。

確かに、師匠の後を継ぐのは私が適切なのかも知れませんが、今では全国各地にたくさんのお弟子さんがいらっしゃるようで、その方々が後を継げばよいと思います。なぜなら、私は、師匠の元を自ら離れた人間です。したがって、彼らと椅子取りゲームに参加する資格がないからです。

というのも、椅子取りゲームのその裏には、必ず、人間の欲望による人間の本質が現れるからです。もっとも、もし、誰も名乗り出る方がおられないのでしたら、快く、私が引き受けさせていただきますが…。

◎師匠への尊敬の思い

今後の目標

師匠は、常に私の目標でした。その時間の経過とともに、立場や目標も違いましたが、弟子から職人へ、職人からライバルへと…。

そして、師匠が亡くなってしまった今は、お互いの本がどれだけの人に読まれ、どれだけの人の心に影響を与えるかが勝負です。しかし、もう目標である師匠はいません。

今後は、私達、遺された者達が、師匠の技術や功績を絶やさず、世の中に貢献していき、また後世に伝えることが任務であり、新たな目標でもあり、師匠の生前に叶わなかった、恩返しだとも思っています。

最後まで届かなかった師匠への思い

本書をここまで読んでくださった方々は、私が師匠のことをどんなに尊敬していたか、よくわかっていただいたと思いますが、師匠はこのことを全く知りません。

もう伝えることも、わかってもらうことも永遠にできないのです。「恩は遠くから返せ」という諺がありますが、あまりにも遠過ぎる距離なのです。

師匠のお墓にどんなに手を合わせようが、どんなに高額なお供え物をしようが、どんなにたくさんのお線香を上げようが、師匠はもう帰っては来ないのです。

師匠は、最後の最後まで、私に影響を与え続けました。亡くなってからも、こうしてもともと本嫌いな私に本を書かせたのですから。

他の職人業界にも、名人や偉人と言われて本を出版している方々もいらっしゃいますが、その上級の方々には、お弟子さんまでもが本を出版をしています。

今回の私の出版で、私の師匠もその上級の方々の仲間入りをしたのではないかと思っています。欲を言えば、師匠の生前に、このことを成し遂げられなかったことが心残りです。

師匠も天国で、私のことを「あいつは、俺の弟子の中で一番変わり者だったかも知れないが…」と言っていると思います。

最後に

皆様は、目標と目的をどう区別しますか。

私の場合、目的は、目指すものの最終的な仕上りの、ゴールのようなもので、目標は、そのゴールに到達するまでの過程だと思ってます。

そう言った上で、私が本書を出版したことにおいて、特殊伐採や「吊し伐り」は目標だったのだと思います。本書を書き上げることも単なる目標なのかも知れません。

では、私の目標は何なのかというと、わかりません。

ただ、目の前に現れた現実に、全力で立ち向かうだけです。

師匠は、生前、「無極」という言葉を座右の銘にしていました。これは、職人として一生、極（完成）はないと言う、職人としての心意気でした。

そういった意味でも、私には目的はありません。

童話の、うさぎとかめでは、勝ったのはかめですが、これは山の麓から頂上までの区間だけの競走であって、それ以前の競走はどうだったのか、またその後のストーリーもありません。

このように、人間も目指してるゴールは知らないままでいるのだと思います。私は、これでよいと思います。目的を決めてしまうと、それに集中し過ぎて、その道に異変があったときや、もっとよい違う道があった場合、そちらの道に移ることも必要なのです。また、その道を回り道して、その道の1歩先に進むことも重要です。

私は、特殊伐採は目標であっても、辞めようとは思いません。それは、「考える力」や「本質を見抜く力」の基礎となっているからです。

私は、これからも、目的のない、先の見えないゴールに向かって走り続けていくようです。これは、今の状況を精一杯生きるということです。

そして、本書を最後まで、お手に取って読んでいただいた皆様に、何かのよい影響を与えられればと思っています。

和氣　光伸

著者略歴

和氣　光伸（わき　みつのぶ）

昭和49年生まれ。

栃木県矢板市出身・在住。

矢板高等学校農業科卒業。

高所特殊伐採技術保持者（別名：空師）。

特殊伐採のみならず高齢樹や大木の保存管理を行う。

環境省大臣・農林水産省大臣登録人材認定等事業、森林管理士養成講座講師。

森林管理士資格認定委員会委員。

森林管理士。

「吊し伐り」から学んだ気づきの人生

2018年6月22日 初版発行　　2023年6月19日 第3刷発行

著　者　和氣　光伸　© Mitsunobu Waki

発行人　森　　忠順

発行所　株式会社 セルバ出版
〒113-0034
東京都文京区湯島1丁目12番6号 高関ビル5B
☎ 03（5812）1178　FAX 03（5812）1188
http://www.seluba.co.jp/

発　売　株式会社 創英社／三省堂書店
〒101-0051
東京都千代田区神田神保町1丁目1番地
☎ 03（3291）2295　FAX 03（3292）7687

印刷・製本　株式会社 丸井工文社

Printed in JAPAN
ISBN978-4-86367-425-7